电厂运维岗位员工培训教材

发电机微机保护调试

主编　张丽娟

参编　王　超　杜　楠　范　锴
　　　李　训　江　成

主审　孟宪影

黄河水利出版社
·郑　州·

内 容 提 要

本书采用国电南京自动化股份有限公司 GN-6000 数字式微机保护装置作为保护调试技能训练工具,配套 ONLLY 系列数字化测试仪作为调试设备工具,按照任务驱动、问题引导、案例引入等体例格式编写,将调试任务融入具体案例,将保护原理、调试技能融入具体任务。通过完成一个个任务,帮助电厂运维岗位员工理解保护原理、掌握调试技能、解决现场问题。本书主要内容包括发电机微机保护、励磁变微机保护原理解析、定值整定、结果预判分析、逻辑调试等,为满足培训需求降低了一定难度,可用于学员实验、实训、竞赛选拔等。

本书为电厂运维岗位员工培训教材,也可供电厂管理技术人员学习参考。

图书在版编目(CIP)数据

发电机微机保护调试/张丽娟主编. —郑州:黄
河水利出版社,2021. 11
电厂运维岗位员工培训教材
ISBN 978-7-5509-3148-0

I.①发… Ⅱ.①张… Ⅲ.①发电机-微机保护装置
-调试方法-岗位培训-教材 Ⅳ.①TM774

中国版本图书馆 CIP 数据核字(2021)第 220929 号

组稿编辑:田丽萍 电话:0371-66025553 E-mail:912810592@ qq. com

出 版 社:黄河水利出版社
　　　　　网址:www.yrcp.com
　　地址:河南省郑州市顺河路黄委会综合楼 14 层　　邮政编码:450003
发行单位:黄河水利出版社
　　发行部电话:0371-66026940、66020550、66028024、66022620(传真)
　　E-mail:hhslcbs@ 126. com
承印单位:广东虎彩云印刷有限公司
开本:710 mm×1 000 mm　1/16
印张:9
字数:160 千字
　　　　　　　　　印数:1—1 000
版次:2021 年 11 月第 1 版
　　　　　　　　印次:2021 年 11 月第 1 次印刷
定价:50.00 元

前　言

为响应国网四川省电力公司"建立全国最大优质清洁能源基地、培养技能创新型人才、积极开拓校企协作"的号召,国网四川省电力公司设备部技术处与国网四川省电力公司技能培训中心(四川电力职业技术学院)合作编写本书。本书采用国电南京自动化股份有限公司 GN-6000 数字式微机保护装置作为保护调试技能训练工具,配套 ONLLY 系列数字化测试仪作为调试设备工具,利用任务驱动、问题引导、案例引入等方法编写,将调试任务融入具体案例,将保护原理、调试技能融入具体任务。通过完成一个个任务,帮助电厂运维岗位员工理解保护原理,掌握调试技能,解决现场问题。

本书任务模块的编写,遵循由浅入深的一般学习规律,提供类似"师带徒模式"的基本技能单元、"技能提升模式"的技能升级单元和"解决现场综合问题"的技能拓展单元。基本技能单元通过"任务示范",将具体的操作细节以图文结合的方式展现,适用于基础差、入口低的学员,学员可以按照详细的示范,体验"沉浸式"学习。编写内容模拟生产现场"师带徒模式",目的是教会学员完成最基本、最简单的调试任务。技能升级单元通过"任务发布"让学员举一反三,根据"任务示范"学到的知识技能,独立完成调试任务,适用于基础略好、入口略高或者从事过调试专项工作的学员。利用多种任务,全方面驱动学员完成相关多个调试工作,目的是教会学员独立完成最全面的调试任务。技能拓展单元设置"拓展任务",适用于基础好、入口高的学员或者电厂运维人员竞赛选拔。通过"任务拓展"培养学员创造性思维模式,利用已有保护理论知识+调试技能,自我设计调试任务,解决生产中的具体问题。目的是引导学员独立思考,利用保护调试,解决生产中的具体问题。

本书收集电厂各类异常、故障实例,筛选保护调试相关内容,并加以提炼分解,主要内容包括:发电机微机保护、励磁变微机保护原理解析、定值整定、结果预判分析、逻辑调试等,为满足培训需求降低了一定难度,可用于学员实验、实训、竞赛选拔等。本书编写方法新颖、内容层次分明、逻辑严密、适用面广、对学员的容纳度高,多种层次的学员均可获得对应的培训效果,可满足电厂多层次运维人才培养需求。相关送培单位可根据自己的具体需求,选择相关难度。

本教材共 20 个任务,其中任务一由国网四川省电力公司设备部王超编写,任务二由国网四川省电力公司技能培训中心杜楠编写,任务五由国网四川省电力公司设备部范镕编写,任务十二由国网四川省电力公司设备部李训编写,任务十三由国网四川省电力公司技能培训中心江成编写,其余任务由国网四川省电力公司技能培训中心张丽娟编写。本书由国网四川省电力公司技能培训中心孟宪影主审。

本书的出版受到了国网四川省电力公司教育培训经费专项资助,得到了国电南京自动化股份有限公司设备开发人员的技术支持,在此表示由衷的感谢!

鉴于编者水平有限,书中难免存在不妥之处,恳请读者批评指正。

编　者

2021 年 9 月

目　录

任务一 发电机比率制动纵差保护调试

一、课前引导

比率制动纵差保护动作原理

二、职业能力

1. 比率制动纵差保护调试
2. 保护动作数据分析计算

三、案例引入

×××电厂,发电机定子额定电流为160 A,发电机出口、中性点采用同样的电流互感器(TA),变比为200/5。某时刻发电机实时电流如下,纵差保护动作,发电机事故停机。请问保护动作是否正确,为什么?

×××电厂实时参数		
相序	发电机中性点电流	发电机出口电流
A 相	80A　0°	80A　0°
B 相	80A　−120°	80A　−120°
C 相	80A　120°	80A　120°

四、原理分析

(一)原理解析

发电机纵差保护是发电机的主保护,要求能反映发电机定子绕组及其引出线的相间故障,快速切除故障,跳发电机出口断路器、跳灭磁开关、发电机停机(走事故停机流程、关导叶、跳厂用分支断路器)。

纵差保护原理示意图见图 1-1。

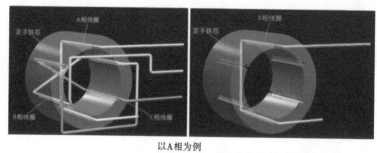

以A相为例

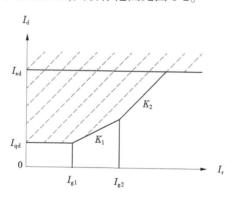

图 1-1　纵差保护原理示意图

(二) 保护判据

1. 三折线比率制动

采用三折线比率制动原理, 其动作范围见图 1-2。

图 1-2　三折线比率制动动作范围

保护判据：

$$I_d > I_{qd} \qquad\qquad (I_r \leqslant I_{g1})$$

$$I_d > I_{qd} + K_1(I_r - I_{g1}) \qquad\qquad (I_{g1} < I_r \leqslant I_{g2})$$

$$I_d > I_{qd} + K_1(I_{g2} - I_{g1}) + K_2(I_r - I_{g2}) \qquad\qquad (I_r > I_{g2})$$

参数说明:K_1 为第一比率制动系数,K_2 为第二比率制动系数;

I_{qd} 为差动电流启动定值,I_{g1} 为第一拐点电流,I_{g2} 为第二拐点电流;

I_d 为差动电流,$I_d = |I_1 + K_{ph} I_2|$;

I_r 为制动电流,$I_r = 0.5(|I_1| + K_{ph}|I_2|)$;

K_{ph} 为中性点侧平衡系数,用于两侧 TA 变比不一致的情况,其值等于机端侧额定二次电流 I_e/中性点侧额定二次电流 I_{ne},两侧 TA 变比相同时 $K_{ph} = 1$。

当 $K_1 = K_2$ 时,比率制动特性变为两折线比率制动特性。

2. 两折线比率制动

采用两折线比率制动原理,其动作范围见图 1-3。

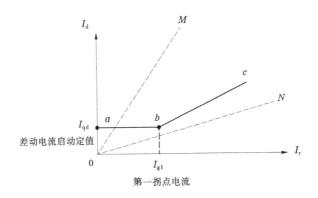

M:区内故障短路电流;N:区外故障短路电流

图 1-3　两折线比率制动动作范围

保护判据:$I_d > I_{qd}$ 　　　　　　$(I_r \leqslant I_{g1})$

　　　　　$I_d > I_{qd} + K_1(I_r - I_{g1})$ 　　$(I_r > I_{g1})$

保护原理解析:正常运行时,由于不平衡电流的影响,I_d(发电机差动电流) $= |I_1 + I_2| = I_{unb}$(不平衡电流),发电机没有发生定子绕组区域内故障,所以保护的差动电流启动定值 I_{qd} 必须大于不平衡电流 I_{unb},保护才不会误动作。这就是设置 I_{qd} 的目的。线段 ab 段的下方是制动区。

当发生外部短路时,发电机没有发生定子绕组区域内故障,保护同样不应该误动作。为了保证不误动作,同时保证保护灵敏度,让动作电流随着外部短路电流的变化趋势变化,但总是比外部短路电流大,bc 段电流比虚线 N 电流大,保证外部故障保护不误动作。

当发生区内故障时,虚线 M 在动作区域内,保护能正确动作。

（三）保护逻辑

保护逻辑示意图见图1-4。

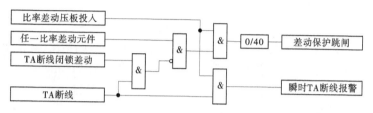

图 1-4　保护逻辑示意图

五、工作任务

（一）任务示范

1号工作任务单	
工作任务:模拟发电机正常运行,观察保护工作情况是否正常	
主要工作	以A相为例,采用两折线比率制动,完成保护计算分析预判、保护实验验证,得出结论
任务目的	掌握发电机纵差保护分析、计算、调试的综合技能
实验步骤	1. 保护接线 调试仪 Ia 接保护装置 1－21ID:8 号端子,Ib 接保护装置 1－21ID:9 号端子,Ic 接保护装置 1－21ID:10 号端子,In 接保护装置 1－21ID:11 或者 12 或者 13 或者 14 号端子;Ix 接保护装置 1－21ID:15 号端子,Iy 接保护装置 1－21ID:16 号端子,Iz 接保护装置 1－21ID:17 号端子,In 接保护装置 1－21ID:18 或者 19 或者 20 或者 21 号端子。

保护装置	1－21ID	交流电流
Ia 8	1－21n1x6	Ia*
Ib 9	1－21n1x7	Ib*
Ic 10	1－21n1x8	Ic*
In 11	1－21n2x6	Ia
12	1－21n2x7	Ib
Ix 13	1－21n2x8	Ic
Iy 14		
Iz 15	1－21n1x10	Ina*
16	1－21n1x11	Inb*
In 17	1－21n1x12	Inc*
18	1－21n2x10	Ina
19	1－21n2x11	Inb
20	1－21n2x12	Inc
21		

电流输出

调试仪

	2. 定值设定 只将比率差动压板投入,设置机端侧额定电流为 5 A(发电机额定电流除以电流互感器变比得到,本设备取 0.2~5 A),中性点侧平衡系数为 1(两侧互感器相同取 1),差动速断电流 13 A,差动启动电流 I_{qd} 为 1 A,第一拐点电流 I_{g1} 为 4 A,第二拐点电流 I_{g2} 为 8 A(只要比 4 A 大的值都行),第一制动系数为 0.5,第二制动系数为 0.5(采用两折线比率制动)
实验步骤	**3. 保护预判** 发电机机端与中性点采用同样的电流互感器,两侧 TA 变比相同时 $K_{ph}=$1,模拟正常运行,发电机定子电流为额定值 5 A。机端电流 $I_1=5$ A,角度 0°,则中性点电流 $I_2=5$ A,角度 180°(正常运行时机端电流流出发电机,中性点电流流入发电机,两者方向相反),第一制动系数 $K_1=0.5$,第二制动系数 $K_2=0.5$。 根据:$I_d > I_{qd}$ $(I_r \le I_{g1})$ $\qquad I_d > I_{qd} + K_1(I_r - I_{g1})$ $(I_{g1} < I_r \le I_{g2})$ $\qquad I_d > I_{qd} + K_1(I_{g2} - I_{g1}) + K_2(I_r - I_{g2})$ $(I_r > I_{g2})$ 带入计算:I_d 为差动电流,$I_d = |5-5| = 0$; $\qquad\qquad I_r$ 为制动电流,$I_r = 0.5 \times (|5| + |-5|) = 5(A)$。 采用两折线比率制动:(带入 K_1、K_2,变形三折比率制动为两折比率制动) 保护判据:$I_d > I_{qd}$ $(I_r \le I_{g1})$ $\qquad\qquad I_d > I_{qd} + 0.5 \times (I_r - I_{g1})$ $(I_r > I_{g1})$(两折不需要 I_{g2}) 因为:$I_r = 5$ A $> I_{g1} = 4$ A,带入判据 2。 又因为 $I_d = 0$,$I_{qd} + 0.5 \times (I_r - I_{g1}) = 1 + 0.5 \times (5-4) = 1.5(A)$,则 $I_d = 0 < I_{qd} + 0.5 \times (I_r - I_{g1}) = 1.5(A)$,不满足判据。 故保护不会动作
	4. 保护调试 (1)只输入 A 相电流:发电机定子电流为额定值 5 A。机端电流 $I_1 = 5$ A,角度 0°,则中性点电流 $I_2 = 5$ A,角度 180°。 (2)在保护"采样信息"里面观察"采样值""计算值"与输入值、计算的差动电流 I_d、制动电流 I_r 是否一致,误差大小。 (3)观察保护动作、告警信息
	5. 结果分析 通过实验,模拟发电机正常运行。验证当 A 相中性点电流、机端电流方向相反、大小相同时,不满足保护判据,纵差保护不会动作

定值计算方法	1. I_{qd} 差动启动电流(最小动作电流) $$I_{qd} = K_{rel}(I_{unb1} + I_{unb2})$$ K_{rel}:可靠系数,取 1.5~2; I_{unb1}:差动保护两侧电流互感器变比误差,0.06 I_{GN}; I_{unb2}:差动保护装置中通道回路误差,0.1 I_{GN}。 $I_{qd} = (0.2~0.3)I_{GN} = (0.2~0.3)×5 = 1~1.5(A)$,本次取 1 A。 2. I_{g1} 第一拐点电流(最小制动电流) I_{g1} 反映保护的灵敏度,一般取 $I_{g1} = (0.5~1.0)I_{GN} = (0.5~1.0)×5 = 2.5~5(A)$,本次取 4 A。 3. 最大制动系数 $$K = \frac{K_{rel}I_{unb.\,max}}{I_{k.\,max}}$$,本次取 $K = 0.5$。 $I_{unb.\,max}$:差动保护最大不平衡电流,与电流互感器10%误差、二次回路参数误差、差动保护测量误差、电流互感器暂态特性有关

(二)任务发布

同学分组讨论,根据老师的示范案例,填写任务单,完成任务。

2号工作任务单	
工作任务:模拟发电机定子绕组短路故障,观察保护工作情况是否正常	
主要工作	以 A 相为例,采用两折线比率制动,完成保护计算分析预判、保护实验验证,得出结论
任务目的	掌握发电机纵差保护分析、计算、调试的综合技能
实验步骤	1. 保护接线(按照范例写出或者画出调试仪接口名称与保护装置对应的端子号)
	2. 定值设定
	3. 保护预判
	4. 保护调试 (1)输入电流: (2)采样值观察记录: (3)计算值观察记录: (4)保护动作状态灯亮记录: (5)告警信息记录:
	5. 结果分析

注意事项	保护跳闸完成,立即停止实验
教师评分	

3号工作任务单	
工作任务:模拟发电机定子绕组短路故障,观察保护工作情况是否正常	
主要工作	以 A、B、C 三相短路为例,采用两折线比率制动,完成保护计算分析预判、保护实验验证,得出结论
任务目的	掌握发电机纵差保护分析、计算、调试的综合技能
实验步骤	1.保护接线(按照范例写出或者画出调试仪接口名称与保护装置对应的端子号) 2.定值设定 3.保护预判 4.保护调试 (1)输入电流: (2)采样值观察记录: (3)计算值观察记录: (4)保护动作状态灯亮记录: (5)告警信息记录: 5.结果分析 6.绘制发电机纵差保护比率制动特性图(图上标注动作电流、制动电流、最小动作电流、最小制动电流、制动系数)
注意事项	保护跳闸完成,立即停止实验
教师评分	

4号工作任务单	
工作任务:模拟发电机定子绕组短路故障,观察保护工作情况是否正常	
主要工作	以 A 相为例,采用三折线比率制动,完成保护计算分析预判、保护实验验证,得出结论(第一制动系数 $K_1=0.5$,第二制动系数 $K_2=0.7$)
任务目的	掌握发电机纵差保护分析、计算、调试的综合技能

实验步骤	1. 保护接线(按照范例写出或者画出调试仪接口名称与保护装置对应的端子号)
	2. 定值设定
	3. 保护预判
	4. 保护调试 (1)输入电流; (2)采样值观察记录; (3)计算值观察记录; (4)保护动作状态灯亮记录; (5)告警信息记录;
	5. 结果分析
注意事项	保护跳闸完成,立即停止实验
教师评分	

(三)任务拓展

根据引入案例中的数据,自行设计实验,解开案例之谜(可以自行选择三折线或者两折线比率制动)。

5 号工作任务单	
工作任务:根据引入案例,分析纵差保护动作是否正常	
主要工作	
任务目的	掌握发电机纵差保护分析、计算、调试的综合技能
实验步骤	1. 保护接线(按照范例写出或者画出调试仪接口名称与保护装置对应的端子号)
	2. 定值设定
	3. 保护预判
	4. 保护调试 (1)输入电流; (2)采样值观察记录; (3)计算值观察记录; (4)保护动作状态灯亮记录; (5)告警信息记录:

实验步骤	5.结果分析
	6.绘制动作特性图
注意事项	保护跳闸完成,立即停止实验
教师评分	

6号工作任务单

工作任务:验证5号工作任务单的动作特性图边界,计算误差(保持5号工作任务单保护定值不变)

主要工作	分别在机端侧电流 A、B、C 相加入 2.5 A 电流,角度 0°,中性点侧电流 A、B、C 相加入 2.5 A 电流,角度 180°,根据以上公式计算出 $I_r = 2.5$ A,分别改变中性点侧电流 A、B、C 相角度,角度步长设置为 1°,逐步增加角度值直至保护动作,记录动作值,误差应不超过±5%(根据以上条件计算出的理论动作值 $I_d = 1$ A)
任务目的	掌握发电机纵差保护分析、计算、调试的综合技能
实验步骤	1.保护接线
	2.定值设定
	3.保护预判
	4.保护调试 (1)输入电流: (2)采样值观察记录: (3)计算值观察记录: (4)保护动作状态灯亮记录: (5)告警信息记录:
	5.结果分析
	6.计算误差:(采样计算 I_d-自己计算 I_d)/自己计算 I_d×100%
	7.在5号工作任务单绘制的动作特性图上,找到该实验的验证点
注意事项	保护跳闸完成,立即停止实验
教师评分	

六、课后思考

1. 比率制动纵差保护动作条件有哪些?
2. 如果比率制动纵差保护动作,则发电机可能发生的故障是什么?

任务二　发电机差动速断保护调试

一、课前引导

差动速断保护动作原理

二、职业能力

1. 差动速断保护调试
2. 保护动作数据分析计算

三、案例引入

×××电厂,发电机定子额定电流 160.4 A,发电机出口、中性点采用同样的电流互感器,变比为 200/5。某时刻发电机实时电流如下,差动速断保护动作,发电机事故停机。请问保护动作是否正确,为什么?

×××电厂实时参数		
相序	发电机中性点电流	发电机出口电流
A 相	80 A　0°	80 A　0°
B 相	100 A　−120°	100 A　−120°
C 相	200 A　120°	200 A　120°
差动速断定值	8 A	

四、原理分析

(一)原理解析

发电机差动速断保护是发电机的主保护,在发电机内部严重故障时快速动作。任一相差动电流大于差动速断定值 I_{sd} 时保护瞬时动作。一般情况下,比率纵差作为发电机主保护已经能够反映定子绕组故障,但是在短路电流很大的情况下,电流互感器会严重饱和,二次侧基波几乎为零,高次谐波分量增大,比率纵差可能会无法反映故障,所以发电机主保护可增加差动速断保护。

差动速断没有制动量,动作时间在半个周期内完成,测量过程在1/4个周期内完成,由于时间短、速度快,电流互感器还未严重饱和,能快速切除故障。

差动速断保护原理示意图如图 2-1。

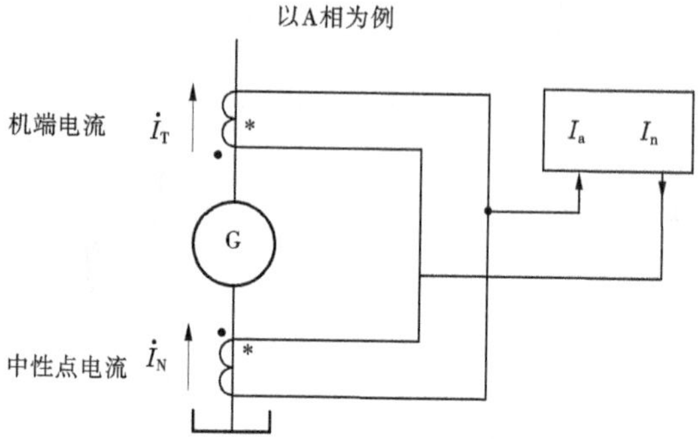

以A相为例

机端电流 $\dot{i}_T$

$I_a \quad I_n$

G

中性点电流 $\dot{I}_N$

图 2-1 差动速断保护原理示意图

(二)保护判据

$$I_{dmax} > I_{sd}$$

参数说明:I_{dmax} 为最大相差流;I_{sd} 为差动速断定值。

$$I_d = |I_1 + K_{ph}I_2|$$

I_1、I_2 分别为发电机出口电流、发电机中性点电流;本书设定 I_1 为发电机出口电流,I_2 为发电机中性点电流。

K_{ph} 为中性点侧平衡系数,用于两侧 TA 变比不一致的情况。其值等于机端侧额定二次电流 I_e/中性点侧额定二次电流 I_{ne}。两侧 TA 变比相同时,$K_{ph}=1$,$I_d = |I_1 + I_2|$,任一相差流计算。

(三)保护逻辑

差动速断保护逻辑示意图见图 2-2。

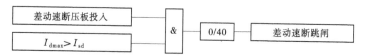

差动速断压板投入			
$I_{dmax} > I_{sd}$	&	0/40	差动速断跳闸

图 2-2 差动速断保护逻辑示意图

五、工作任务

(一)任务示范

1号工作任务单		
工作任务:模拟发电机正常运行,观察保护工作情况是否正常		
主要工作	以 A 相为例,投入差动速断保护,完成保护计算分析预判、保护实验验证,得出结论	
任务目的	掌握发电机差动速断保护分析、计算、调试的综合技能	
实验步骤	1. 保护接线 调试仪 Ia 接保护装置 1-21ID:8 号端子,Ib 接保护装置 1-21ID:9 号端子,Ic 接保护装置 1-21ID:10 号端子,In 接保护装置 1-21ID:11 或者 12 或者 13 或者 14 号端子;Ix 接保护装置 1-21ID:15 号端子,Iy 接保护装置 1-21ID:16 号端子,Iz 接保护装置 1-21ID:17 号端子,In 接保护装置 1-21ID:18 或者 19 或者 20 或者 21 号端子。 2. 定值设定 只将差动速断压板投入,设置机端侧额定电流为 5 A(发电机额定电流除以电流互感器变比得到,本设备取 0.2~5 A),中性点侧平衡系数为 1(两侧互感器相同取 1),差动速断电流 10 A,差动启动电流 I_{qd} 为 1 A,第一拐点电流 I_{g1} 为 4 A,第二拐点电流 I_{g2} 为 8 A(只要比 4 A 大的值都行),第一制动系数为 0.5,第二制动系数为 0.5(采用两折线比率制动),除差动速断电流外,其他定值和任务一相同

实验步骤	**3.保护预判** 发电机机端与中性点采用同样的电流互感器,两侧 TA 变比相同时 K_{ph} = 1,模拟正常运行,发电机定子电流为额定值 5 A。机端电流 I_1 = 5.1 A,角度 0°,则中性点电流 I_2 = 5 A,角度 180°(正常运行时机端电流流出发电机,中性点电流流入发电机,两者方向相反)。 根据 I_d = $\mid I_1+I_2 \mid$,任一相差流计算,B、C 两相为 0,这两相的差动电流为 0,A 相实验。 带入计算:A 相,I_d 为差动电流,I_d = $\mid 5.1$ A-5 A$\mid$ = 0.1 A,为三相中最大差动电流。 保护判据:I_{dmax} > I_{sd},而 0.1 A < 10 A,不满足判据。 故保护不会动作
	4.保护调试 (1)只输入 A 相电流:发电机定子电流为额定值 5 A。机端电流 I_1 = 5.1 A,角度 0°,则中性点电流 I_2 = 5 A,角度 180°。 (2)在保护"采样信息"里面观察"采样值""计算值"与计算的差动电流 I_d 是否一致,误差大小。 (3)观察保护动作、告警信息
	5.结果分析 通过实验,模拟发电机正常运行。验证当三相中最大的差动电流 I_{dmax} < I_{sd} 时,不满足保护判据,差动速断保护不会动作
定值计算方法	I_{sd} 差动速断定值计算: I_{sd} > $K_{rel}I_{unb.\,max}$ (K_{rel} = 1.3~1.5,$I_{unb.\,max}$ 为最大不平衡电流) I_{sd} > $K_e I_{gn}$(K_e = 2~12,与发电机容量有关,容量越大,K_e 越小;I_{gn} 为发电机额定电流,取 5 A) 本次实验取 K_e = 2,I_{sd} = 10 A

(二)任务发布

同学分组讨论,根据老师的示范案例,填写任务单,完成任务。

2 号工作任务单	
工作任务:模拟发电机定子绕组严重内部短路故障,观察保护工作情况是否正常	
主要工作	以 A 相为例,完成差动速断保护计算分析预判、保护实验验证,得出结论
任务目的	掌握发电机差动速断保护分析、计算、调试的综合技能
实验步骤	1.保护接线(按照范例写出或者画出调试仪接口名称与保护装置对应的端子号)
	2.定值设定(可在计算值范围内自己设定)
	3.保护预判(按照任务示范,在实验前分析实验结果)
	4.保护调试(完成实验) (1)输入电流: (2)采样值观察记录: (3)计算值观察记录: (4)保护动作状态灯亮记录: (5)告警信息记录:
	5.结果分析(对比保护预判,检查自己的分析、计算、预判是否正确,从而检查是否达到本次任务目的)
注意事项	保护跳闸完成,立即停止实验
教师评分	

3 号工作任务单	
工作任务:差动速断保护动作电流定值校验(要求动作电流误差不超过 5%)	
主要工作	加入 A、B、C 三相电流,完成保护定值 I_{sd} 计算分析预判、保护实验验证,验证保护判据及定值,得出结论(实验时可先输入三相不满足判据电流,通过增加某一相的差流,验证定值及判据)
任务目的	掌握发电机差动速断保护分析、计算、调试的综合技能
实验步骤	1.保护接线(按照范例写出或者画出调试仪接口名称与保护装置对应的端子号)
	2.定值设定
	3.保护预判

	4.保护调试 (1)输入电流:		
	实验提示(有能力的同学可自行设计实验)		
	输入电流	发电机出口电流 I_1	发电机中性点电流 I_2
	A 相	8 A 0°	8 A 0°
实验步骤	B 相	8 A −120°	8 A −120°
	C 相	8 A 120°	8 A 120°
	输入电流后,观察采样情况和动作情况,增加 C 相发电机出口电流 I_1,从 8 A 开始,步长设为 0.1 A,观察保护什么时候动作,动作时间为多长。 (2)采样值观察记录: (3)计算值观察记录: (4)保护动作状态灯亮记录: (5)告警信息记录:		
	5.结果分析(通过实验,验证保护判据,分析误差是否在规定范围内) 分析是否满足判据: 计算动作电流误差:		
注意事项	保护跳闸完成,立即停止实验		
教师评分			

4 号工作任务单	
工作任务:差动速断保护动作时间校验(要求动作时间为 30 ms)	
主要工作	加入 A、B、C 三相电流,完成保护定值 I_{sd} 计算分析预判、保护实验验证,验证保护判据及定值,得出结论(实验时直接输入三相满足判据电流,大小为 1.2 倍动作值)
任务目的	掌握发电机差动速断保护分析、计算、调试的综合技能
实验步骤	1.保护接线(按照范例写出或者画出调试仪接口名称与保护装置对应的端子号) 2.定值设定(差动定值可改为 8 A) 3.保护预判

实验步骤	4.保护调试 （1）输入电流：
	<table><tr><td colspan="3" align="center">自行设计实验</td></tr><tr><td>输入电流</td><td>发电机出口电流 I_1（A）</td><td>发电机中性点电流 I_2（A）</td></tr><tr><td>A 相</td><td></td><td></td></tr><tr><td>B 相</td><td></td><td></td></tr><tr><td>C 相</td><td></td><td></td></tr></table>
	输入电流后，开始实验，观察采样情况和动作情况，通过动作弹窗记录动作时间。 （2）保护动作状态灯亮记录： （3）告警信息记录： 5.结果分析（通过实验，计算保护时间误差）
注意事项	保护跳闸完成，立即停止实验
教师评分	

（三）任务拓展

根据引入案例中的数据，自行设计实验，解开案例之谜。

5 号工作任务单	
工作任务:根据引入案例,分析差动速断保护动作是否正常	
主要工作	
任务目的	掌握发电机差动速断保护分析、计算、调试的综合技能
实验步骤	1.保护接线（按照范例写出或者画出调试仪接口名称与保护装置对应的端子号）
	2.定值设定（注意案例中的定值与前面实验不同）
	3.保护预判
	4.保护调试 （1）输入电流： （2）采样值观察记录： （3）计算值观察记录： （4）保护动作状态灯亮记录： （5）告警信息记录：

实验步骤	5.结果分析
注意事项	保护跳闸完成,立即停止实验
教师评分	

六、课后思考

1. 差动速断保护动作条件有哪些?
2. 如果差动速断保护动作,则发电机可能发生的故障是什么?

任务三　发电机瞬时 TA 断线保护调试

一、课前引导

TA 断线与纵差保护的关系

二、职业能力

1. 瞬时 TA 断线保护调试
2. 瞬时 TA 断线数据分析计算

三、案例引入

×××电厂,发电机定子额定电流为 160.4 A,发电机出口、中性点采用同样的电流互感器,变比为 200/5。2021 年 6 月 1 日 13 时 30 分 50 秒,实时电流如下,发电机保护发出 TA 断线告警。请问告警信息是否正确,为什么?

相序	发电机中性点电流	发电机出口电流
×××电厂实时参数　2021 年 6 月 1 日 13 时 30 分 44 秒		
A 相	80 A　0°	80 A　180°
B 相	80 A　−120°	80 A　60°
C 相	80 A　120°	80 A　300°
×××电厂实时参数　2021 年 6 月 1 日 13 时 30 分 50 秒		
A 相	80 A　0°	80 A　180°
B 相	80 A　−120°	0 A　0°
C 相	80 A　120°	80 A　300°

四、原理分析

(一)原理解析

比率差动保护启动后,需经过瞬时 TA 断线的检测,保证差流不是由断线引起的,方可出口。装置判别为 TA 断线后,发出告警信号,报告 TA 断线,通过逻辑定值可以选择是否闭锁差动保护。

在满足下列任何一个条件时,将不进行瞬时 TA 断线判别:

(1)启动前某侧最大相电流小于该侧额定电流的 20%。

(2)启动后相电流最大值大于该侧额定电流的 120%。

(3)启动后任一侧电流比启动前增加。

(二)保护判据

不满足条件:

(1)启动前某侧最大相电流小于该侧额定电流的 20%。

(2)启动后相电流最大值大于该侧额定电流的 120%。

(3)启动后任一侧电流比启动前增加。

在上述三个条件均不满足的情况下,如某一侧同时满足以下条件,则判为瞬时 TA 断线。

(1)只有一相电流为零。

(2)其余两相电流与启动前电流相等。

(三)保护逻辑

瞬时 TA 断线保护逻辑示意图见图 3-1。

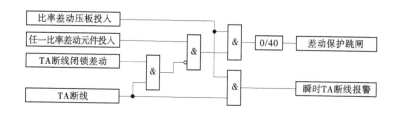

图 3-1 瞬时 TA 断线保护逻辑示意图

五、工作任务

(一)任务示范

1号工作任务单	
工作任务:模拟发电机正常运行,观察保护是否告警、信息是否正常	
主要工作	以 A 相为例,投入差动速断保护,投入 TA 断线闭锁差动报警逻辑定值,完成保护计算分析预判、保护实验验证,得出结论
任务目的	掌握发电机瞬时 TA 断线保护分析、计算、调试的综合技能
实验步骤	**1. 保护接线** 调试仪 Ia 接保护装置 1-21ID:8 号端子,Ib 接保护装置 1-21ID:9 号端子,Ic 接保护装置 1-21ID:10 号端子,In 接保护装置 1-21ID:11 或者 12 或者 13 或者 14 号端子;Ix 接保护装置 1-21ID:15 号端子,Iy 接保护装置 1-21ID:16 号端子,Iz 接保护装置 1-21ID:17 号端子 ,In 接保护装置 1-21ID:18 或者 19 或者 20 或者 21 号端子 **2. 定值设定** 将差动速断压板投入,投入 TA 断线闭锁差动报警逻辑定值,设置机端侧额定电流为 5 A(发电机额定电流除以电流互感器变比得到,本设备取 0.2~5 A),中性点侧平衡系数为 1(两侧互感器相同取 1),差动速断电流 10 A,差动启动电流 I_{qd} 为 1 A,第一拐点电流 I_{g1} 为 4 A,第二拐点电流 I_{g2} 为 8 A(只要比 4 A 大的值都行),第一制动系数为 0.5,第二制动系数为 0.5(采用两折线比率制动),除差动速断电流外,其他定值和任务一相同 **3. 保护预判** 不满足条件: (1)启动前最大相电流 2 A(已经完成 TA 折算)>5×0.2=1(A),不小于该侧额定电流的 20%,不满足; (2)启动后相电流最大值 2 A<5×1.2=6(A),不大于该侧额定电流的 120%,不满足; (3)启动后任一侧电流比启动前增加:没有电流增加,不满足。 上述三个条件均不满足的情况下,如某一侧同时满足以下条件,则判为瞬时 TA 断线。 满足条件: (1)只有一相电流为零:没有电流为 0,不满足; (2)其余两相电流与启动前电流相等:满足。 没有同时满足,所以不会判定为瞬时 TA 断线

实验步骤	4. 保护调试 （1）输入电流： | 输入电流	发电机中性点电流	发电机出口电流
---	---	---
A 相	80 A　0°	80 A　180°
B 相	80 A　−120°	80 A　60°
C 相	80 A　120°	80 A　300°	 （2）在保护"采样信息"里面观察"采样值""计算值"与输入值、计算的差动电流是否一致，误差大小。 （3）观察保护动作、告警信息
	5. 结果分析 　　通过实验，模拟发电机正常运行。①不满足："差动保护"判据。②不满足："TA 断线"判据；"差动保护"不动作，"TA 断线"不告警。实验结果和预判吻合

（二）任务发布

同学分组讨论，根据老师的示范案例，填写任务单，完成任务。

2 号工作任务单
工作任务：投入 TA 断线闭锁差动报警逻辑定值，在试验仪上选择一相拔出，模拟 TA 断线，观察告警信息

主要工作	投入三相电流，模拟 TA 一相断线，完成 TA 断线的检测计算分析预判、保护实验验证，得出结论
任务目的	掌握发电机 TA 断线保护告警分析、计算、调试的综合技能，理解 TA 断线的意义
实验步骤	1. 保护接线（按照范例写出或者画出调试仪接口名称与保护装置对应的端子号） 2. 定值设定（可在计算值范围内自己设定） 3. 保护预判（分析是否满足 TA 断线判别条件）

实验步骤	4.保护调试 (1)输入电流: (2)采样值观察记录: (3)计算值观察记录: (拔掉任一相的任意一根电流线后) (4)保护动作状态灯亮记录: (5)告警信息记录:
	5.结果分析
注意事项	保护告警完成,立即停止实验
教师评分	

3 号工作任务单

工作任务:投入 TA 断线闭锁差动报警逻辑定值,模拟三相机端同时 TA 断线,观察告警信息	
主要工作	投入三相电流,在试验仪上将机端 A、B、C 三相电流同时变为 0,完成 TA 断线的检测计算分析预判、保护实验验证,得出结论
任务目的	掌握发电机 TA 断线保护告警分析、计算、调试的综合技能,理解 TA 断线的意义
实验步骤	1.保护接线(按照范例写出或者画出调试仪接口名称与保护装置对应的端子号)
	2.定值设定(可在计算值范围内自己设定)
	3.保护预判(分析是满足 TA 断线判别条件)
	4.保护调试 (1)输入电流: (2)采样值观察记录: (3)计算值观察记录: (三相机端电流变为 0 后) (4)保护动作状态灯亮记录: (5)告警信息记录:
	5.结果分析
注意事项	保护告警完成,立即停止实验
教师评分	

(三)任务拓展

根据引入案例中的数据,自行设计实验,解开案例之谜。

4号工作任务单	
工作任务:	
主要工作	
任务目的	掌握发电机TA断线告警分析、计算、调试的综合技能,理解TA断线的含义和作用
实验步骤	1.保护接线(按照范例写出或者画出调试仪接口名称与保护装置对应的端子号)
	2.定值设定(注意案例中的定值与前面实验不同)
	3.保护预判(分析:①"差动保护"判据是否满足? ②"TA断线闭锁"判据是否满足? ③"TA断线"判据是否满足? 结果预判是什么?)
	4.保护调试 (1)输入电流: (2)采样值观察记录: (3)计算值观察记录: (4)保护动作状态灯亮记录: (5)告警信息记录:
	5.结果分析
注意事项	保护告警完成,立即停止实验
教师评分	

六、课后思考

1. TA断线是什么?

2. TA断线与纵差保护的关系是什么?

任务四　发电机差流越限告警调试

一、课前引导

差流越限是什么故障？是否属于发电机故障？

二、职业能力

1. 差流越限调试方法
2. 差流越限数据分析计算

三、案例引入

×××电厂,发电机定子额定电流160.4 A,发电机出口、中性点采用同样的电流互感器,变比为200/5。保护装置设置发电机额定电流为5 A。2021年8月1日13时30分30秒,实时电流如下,发电机保护发出差流越限告警。请问告警信息是否正确,为什么?

×××电厂实时参数　2021年8月1日13时30分30秒		
相序	发电机中性点电流	发电机出口电流
A相	80 A　0°	80 A　180°
B相	120 A　−120°	80 A　60°
C相	80 A　120°	80 A　300°

四、原理分析

(一) 保护原理

如果差流大于15%的额定电流,经判别超过10 s后,报告"差流越限"并发出告警信号,但不闭锁差动保护。这一功能兼起保护装置交流采样回路的监视功能,判断交流采样回路是否正常。I_d为差动电流,$I_d = |I_t + I_n|$。发电机正常运行时,差流很小,如果采样回路出现故障(但发电机没有发生相间短路,保护不应该动作),会导致差流变大。但为防止保护不能正常动作,所以

不闭锁保护。差流越限发告警信息,提示运行人员,采样回路可能出现故障。

(二) 保护判据

$$I_{dmax}>0.15I_e$$

式中:I_{dmax} 为最大相差流;I_e 为 I 侧额定电流。

(三) 保护逻辑

差流越限报警逻辑示意图见图 4-1。

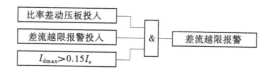

图 4-1 差流越限报警逻辑示意图

五、工作任务

(一) 任务示范

1 号工作任务单	
工作任务:差流越限定值验证	
主要工作	投入差流越限和比率差动保护,加入 A、B、C 三相电流 1 A,中性点电流和机端电流大小相同、方向相反。增加中性点 A、B、C 三相电流大小,同时间增加,步长 0.1 A,操作完等待时间 10 s,直到保护告警停止实验,记录数据并分析结果
任务目的	掌握发电机差流越限分析、计算、调试的综合技能
实验步骤	1. 保护接线 调试仪 Ia 接保护装置 1-21ID:8 号端子,Ib 接保护装置 1-21ID:9 号端子,Ic 接保护装置 1-21ID:10 号端子,In 接保护装置 1-21ID:11 或者 12 或者 13 或者 14 号端子,Ix 接保护装置 1-21ID:15 号端子,Iy 接保护装置 1-21ID:16 号端子,Iz 接保护装置 1-21ID:17 号端子,In 接保护装置 1-21ID:18 或者 19 或者 20 或者 21 号端子
	2. 定值设定 差流越限定值计算:5×0.15=0.75(A)
	3. 保护预判 当差动电流 I_d =1.8-1=0.8(A)>0.75 A 时,保护告警

实验步骤	4.保护调试 (1)输入电流:		
	输入电流	发电机中性点电流	发电机出口电流
	A 相	1 A　0°	1 A　180°
	B 相	1 A　−120°	1 A　60°
	C 相	1 A　120°	1 A　300°
	(2)在保护"采样信息"里面观察"采样值""计算值"与输入值、计算的差动电流是否一致,误差大小。 (3)增加中性点电流,每增加一次,等待 10 s。 (4)观察保护动作、告警信息。 当中性点电流为 1.8 A 时,保护告警:差流越限		
	5.结果分析 通过实验,模拟发电机正常运行。验证当三相中最大的差动电流 I_{dmax}>差流越限定值时,差流越限保护告警		

(二)任务发布

同学分组讨论,根据老师的示范案例,填写任务单,完成任务。

2号工作任务单	
工作任务:差流越限定值验证	
主要工作	投入差流越限和比率差动保护,加入 A、B、C 三相机端电流 0.5 A,中性点电流为 0。增加机端 A、B、C 三相电流大小,同时间增加,步长 0.05 A,操作完等待时间 10 s,直到保护告警停止实验,记录数据并分析结果
任务目的	掌握发电机差流越限分析、计算、调试的综合技能
实验步骤	1.保护接线
	2.定值设定
	3.保护预判
	4.保护调试
	5.结果分析
教师评分	

（三）任务拓展

根据引入案例中的数据，自行设计实验，解开案例之谜。

<table>
<tr><td colspan="2" align="center">3号工作任务单</td></tr>
<tr><td colspan="2">工作任务：</td></tr>
<tr><td>主要工作</td><td></td></tr>
<tr><td>任务目的</td><td>掌握发电机差流越限分析、计算、调试的综合技能</td></tr>
<tr><td rowspan="5">实验步骤</td><td>1.保护接线（按照范例写出或者画出调试仪接口名称与保护装置对应的端子号）</td></tr>
<tr><td>2.定值设定</td></tr>
<tr><td>3.保护预判（分析：①"差流越限"判据是否满足？②"差动保护"判据是否满足？结果预判是什么？）</td></tr>
<tr><td>4.保护调试
（1）输入电流：
（2）采样值观察记录：
（3）计算值观察记录：
（4）保护动作状态灯亮记录：
（5）告警信息记录：</td></tr>
<tr><td>5.结果分析</td></tr>
<tr><td>注意事项</td><td>保护告警完成，立即停止实验</td></tr>
<tr><td>教师评分</td><td></td></tr>
</table>

六、课后思考

1. 差流越限是什么故障？属于发电机故障吗？
2. 差流越限告警后，发生发电机相间短路，比率纵差保护会动作吗？

任务五　发电机复压闭锁(记忆) 过流保护调试

一、课前引导

发电机复压闭锁(记忆)过流保护动作原理

二、职业能力

1. 发电机复压闭锁(记忆)过流保护逻辑图识读能力
2. 发电机复压闭锁(记忆)过流保护数据分析、保护预判能力
3. 发电机复压闭锁(记忆)过流保护接线、调试能力

三、案例引入

×××电厂,发电机定子额定电流160.4 A,发电机出口、中性点采用同样的电流互感器,变比为200/5。电压互感器变比为10 000/100,为了实验安全,保护装置设置发电机额定电流为5 A。2021年8月1日13时30分30秒,实时数据如下,发电机复压闭锁(记忆)过流保护动作,保护未投入记忆功能。请问保护是否误动作,为什么?

×××电厂实时参数　2021年8月1日13时30分30秒		
相序	发电机机端电流	发电机机端电压
A 相	50 A　0°	500 V　0°
B 相	50 A　−120°	500 V　−120°
C 相	50 A　120°	500 V　120°

四、原理分析

(一)保护原理

对于自并励发电机,当外部发生相间短路时,机端电压下降,励磁变电压随之下降,励磁电压下降、磁场减弱、短路电流变小,小于保护动作值,保护无法正确动作。为了解决后备保护必须延时的矛盾,给保护加上电流的记忆功能,可以使得保护装置能正确动作。复压闭锁(记忆)过流保护接入机端电压及定子三相电流。本任务中复压闭锁(记忆)过流设置两级时限,一时限作用于缩小故障范围,二时限作用于全停。

一般情况下应整定电流记忆时间为 0,此时电流记忆功能退出。当励磁变引自机压母线时,为保证复压闭锁过流保护可靠动作,应投入电流记忆功能,整定电流记忆时间大于较长的过流动作时间。

(二)保护判据

判据 1:过电流判据:

$$I_{\max}(\text{相}) > I_{gl}(\text{过流定值})$$

$I_{\max}$ 为最大相电流。记忆时间内取记忆值,记忆时间外取实时值。

判据 2:正序低电压判据:

$$U_1(\text{正序线电压}) < U_{1bs}(\text{正序低电压闭锁定值})$$

判据 3:负序过电压判据:

$$U_2(\text{负序相电压}) > U_{2bs}(\text{负序过电压闭锁定值})$$

(三)保护逻辑

保护逻辑示意图见图 5-1。

逻辑图注释:压板投入,满足判据 1(过电流判据),判据 1 必须满足;判据2(正序低电压判据)、判据 3(负序过电压判据),这两个判据只要满足一个,保护就能动作。

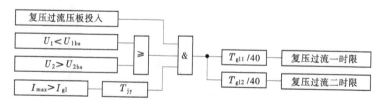

图 5-1 复压闭锁(记忆)过流保护逻辑示意图

图中,I_{gl} 为复压过流定值;T_{jy} 为记忆时间定值;T_{gl1} 为复压过流 I 段时间定值;T_{gl2} 为复压过流 II 段时间定值。

五、工作任务

(一)任务示范

1号工作任务单	
工作任务:复压闭锁(记忆)过流保护电流动作值检测	
主要工作	投入复压闭锁(记忆)过流保护,低电压闭锁值整定为40 V,负序过电压闭锁值整定为5 V,三段电流动作值整定为1 A,时间设置:复压过流 I 段延时 $T_1=1$ s 动作,Ⅱ段 $T_2=10$ s 动作。两个电压判据选正序低电压判据,不输入电压(满足正序线电压低电压判据,不满足负序过电压判据)。分别在A、B、C相加入0.5 A电流,步长设置为0.05 A,逐步增加电流值直至保护动作,记录动作值,误差应不超过±5%。 记录实验数据和结果,计算误差(电流可以只加1相,或3相都加,保护一动作马上停止试验)。
任务目的	掌握复压闭锁(记忆)过流保护分析、计算、调试的综合技能
实验步骤	1.保护接线 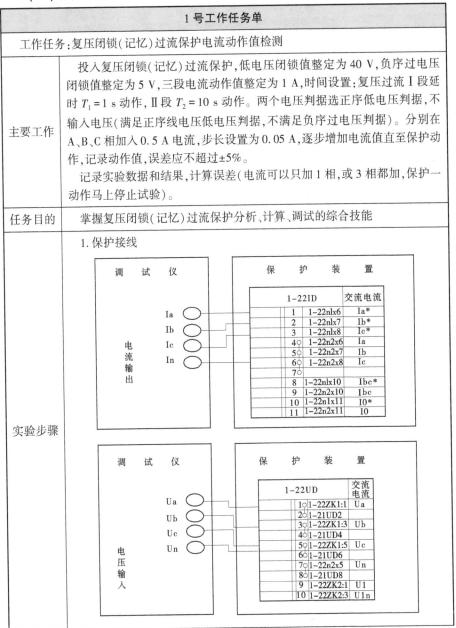

	2.定值设定 低电压闭锁值整定为 40 V,负序过电压闭锁值整定为 5 V,三段电流动作值整定为 1 A,$T_1 = 1$ s,$T_2 = 10$ s
	3.保护预判 利用逻辑原理预判:(逻辑判据从上往下分析,见图 5-1) (1)投保护,逻辑 1 输出。 (2)输入正序线电压 $U_1 = 0$,0<40,满足判据 2,逻辑 1 输出。 (3)3 相没有电压输入,负序相电压 $U_2 = 0$,0<5,不满足判据 3,逻辑 0 输出。 (4)起始输入电流为 0.5 A,步长设置为 0.05 A,逐步增加电流值直至 1 A,保护延时 1 s 动作,发复压 I 段信号;如果不停止实验,10 s 后发复压 II 段信号

实验步骤

4.保护调试

(1)输入电流:

相序	A 相	B 相	C 相
起始电流	0.5 A 0°	0.5 A −120°	0.5 A −120°
逐步增加电流直至动作			

(2)在保护"采样信息"里面观察"采样值"是否与输入电流一致:

相序	A 相	B 相	C 相
起始电流	0.5 A 0°	0.5 A −120°	0.5 A −120°
采样电流			

(3)步长设置为 0.05 A,逐步增加电流,每增加一次,等待 1 s(留出动作时间)。

(4)观察保护动作、告警信息。

(5)当发电机出口电流为 1 A 时,保护动作。

(6)记录动作电流

	5.结果分析
实验步骤	通过实验,模拟发电机外部发生相间短路,该保护作为后备保护,延时动作。 计算动作电流误差:

相序	A 相	B 相	C 相
动作电流(保护装置)			
输入电流(调试仪)			
误差(%)			
误差是否超过5%			

备注:误差计算方法:误差 $= \dfrac{|动作电流-输入电流|}{输入电流} \times 100\%$

任务拓展	分别输入单相电流完成实验、输入三相电流改变三相电流完成实验、输入三相电流但只改变单相电流完成实验
判据理解	通过任务拓展,理解复压闭锁(记忆)过流保护电流动作值判据的意义

(二)任务发布

同学分组讨论,根据老师的示范案例,填写任务单,完成任务。

2号工作任务单	
工作任务:复压闭锁(记忆)过流保护正序低电压动作值检测	
主要工作	加单相电流或三相电流,满足电流判据的前提下,输入三相正序线电压,逐渐减小三相正序线电压,使其满足正序低电压判据,检验正序低电压判据逻辑是否正确,计算动作电压的误差大小
任务目的	掌握复压闭锁(记忆)过流保护正序低电压判据分析、计算、调试的综合技能
实验步骤	1.保护接线(按照范例写出或者画出调试仪接口名称与保护装置对应的端子号)
	2.定值设定(可在规定范围内自己设定,也可参考任务示范设定值)
	3.保护预判(按照任务示范,在实验前分析实验结果)
	4.保护调试(设计具体实验步骤,完成实验,记录数据)
	5.结果分析(对比保护预判,检查自己的分析、计算、预判是否正确,从而检查是否达到本次任务目的)
教师评分	

3号工作任务单	
工作任务：复压闭锁(记忆)过流保护负序过电压动作值检测	
主要工作	加单相电流或三相电流，满足电流判据的前提下，输入负序相电压6 V，逐渐增大负序相电压，使其满足负序过电压判据，检验负序过电压判据逻辑是否正确，计算负序动作电压的误差大小(注意:保证实验过程中正序线电压不能低于40 V)
任务目的	掌握复压闭锁(记忆)过流保护负序过电压判据分析、计算、调试的综合技能
实验步骤	1.保护接线(按照范例写出或者画出调试仪接口名称与保护装置对应的端子号)
	2.定值设定(可在规定范围内自己设定，也可参考任务示范设定值)
	3.保护预判(按照任务示范，在实验前分析实验结果)
	4.保护调试(设计具体实验步骤，完成实验，记录数据)
	5.结果分析(对比保护预判，检查自己的分析、计算、预判是否正确，从而检查是否达到本次任务目的)
教师评分	

4号工作任务单	
工作任务：复压闭锁(记忆)过流保护动作时间检测	
主要工作	加单相电流或三相电流，满足电流判据的前提下，输入电流为动作电流的1.5倍。不加电压(满足正序低电压判据)，通过实验验证保护延时时间与设定时间是否一致，计算误差大小
任务目的	掌握复压闭锁(记忆)过流保护延时动作的含义，以及保护调试的综合技能
实验步骤	1.保护接线(按照范例写出或者画出调试仪接口名称与保护装置对应的端子号)
	2.定值设定(可在规定范围内自己设定，也可参考任务示范设定值，注意$T_2>T_1$，两段间隔时间略长一点，便于观察)
	3.保护预判(按照任务示范，在实验前分析实验结果)
	4.保护调试(设计具体实验步骤，完成实验，记录数据)
	5.结果分析(对比保护预判，检查自己的分析、计算、预判是否正确，从而检查是否达到本次任务目的)
教师评分	

5号工作任务单	
工作任务：复压闭锁(记忆)过流保护记忆功能实验	
主要工作	加单相电流或三相电流,满足电流判据的前提下,输入电流为动作电流的1.5倍。不加电压(满足正序低电压判据),保护Ⅰ段延时6 s,Ⅱ段延时8 s。记忆时间设为10 s,通过实验验证"记忆功能"的含义,分析记忆时间应该如何设定。(可只投一段实验) 　　要点提示:输入电流后,在6 s内,停止实验,模拟外部故障电流消失; 　　输入电流后,在6 s后,停止实验,模拟外部故障电流消失。 　　为了理解记忆时间,可修改记忆时间,观察保护动作情况(可修改记忆时间小于6 s)
任务目的	掌握复压闭锁(记忆)过流保护记忆功能的含义,以及保护调试的综合技能
实验步骤	1.保护接线(按照范例写出或者画出调试仪接口名称与保护装置对应的端子号)
	2.定值设定(可在规定范围内自己设定,也可参考任务示范设定值,注意$T_2>T_1$,两段间隔时间略长一点,便于观察,也可只投一段)
	3.保护预判(按照任务示范,在实验前分析实验结果)
	4.保护调试(设计具体实验步骤,完成实验,记录数据)
	5.结果分析(对比保护预判,检查自己的分析、计算、预判是否正确,从而检查是否达到本次任务目的)
教师评分	

(三)任务拓展

　　根据引入案例中的数据,自行设计实验,填写6号工作任务单,解开案例之谜。

6号工作任务单	
工作任务：	
主要工作	
任务目的	
实验步骤	1. 保护接线
	2. 定值设定
	3. 保护预判
	4. 保护调试
	5. 结果分析
注意事项	
教师评分	

六、课后思考

1. 复压闭锁(记忆)过流保护作为发电机的后备保护,主要针对哪种故障设置?

2. 识读图技能:分析复压闭锁(记忆)过流保护的逻辑原理图,掌握逻辑原理图识读技能。

3. 复压闭锁(记忆)过流保护,投入记忆功能的目的是什么? 记忆功能是如何实现的?

任务六　发电机定时限负序过流保护调试

一、课前引导

发电机定时限负序过流保护动作原理

二、职业能力

1. 发电机定时限负序过流保护逻辑图识读能力
2. 发电机定时限负序过流保护数据分析、保护预判能力
3. 发电机定时限负序过流保护接线、调试能力

三、案例引入

×××电厂,发电机定子额定电流 160.4 A,发电机出口、中性点采用同样的电流互感器,变比为 200/5。电压互感器变比为 10 000/100,为了实验安全,保护装置设置发电机负序电流动作整定值为 2 A。2021 年 8 月 1 日 13 时 30 分 30 秒,实时数据如下,发电机定时限负序过流保护动作。请问保护是否误动作,为什么?

相序	发电机机端电流(A)
A 相	80 A　0°
B 相	0 A　−120°
C 相	0 A　120°

四、原理分析

(一)保护原理

发电机在不对称负荷、外部不对称短路、内部不对称短路时,定子绕组流过负序电流。该负序电流产生的负序磁场与转子的转向相反,相对转速是发

电机转子转速的 2 倍,方向相反。该负序磁场在转子本体及绕组中产生一个 2 倍频率的感应电流。该电流的频率是 100 Hz,产生额外的损耗和发热。另外,该电流产生的电磁转矩,引起机组 100 Hz 振动,导致金属疲劳和机械损伤。

该保护接入发电机 TA 二次侧三相电流。当其负序电流大于负序过流定值时,负序过流保护动作,经延时切除发电机。

（二）保护判据

定时限负序过流判据:

$$I_2 > I_{2gl}$$

式中:I_2 为负序电流;I_{2gl} 为负序过流电流定值。

（三）保护逻辑

保护逻辑示意图见图 6-1。

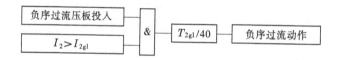

T_{2gl} 为负序过流时间定值

图 6-1 负序过流保护逻辑示意图

五、工作任务

（一）任务示范

1 号工作任务单
工作任务:定时限负序过流保护动作电流检测

主要工作	投入定时限负序过流保护,负序电流动作值整定为 2 A,时间整定为 1 s;加负序电流 1 A,步长设置为 0.1 A,逐步增加负序电流值直至保护动作,记录动作值,计算误差,误差应不超过 ±5%
任务目的	掌握定时限负序过流保护分析、计算、调试的综合技能

实验步骤	1.保护接线

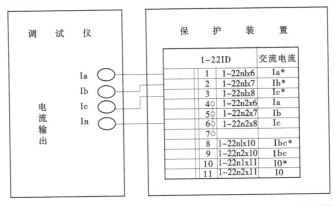

2.定值设定

负序电流动作值整定为 2 A,时间整定为 1 s

3.保护预判

利用逻辑原理预判:(逻辑判据从上往下分析,见图6-1)

(1)投保护,逻辑 1 输出。

(2)输入负序电流 $I_2=1$ A,1<2,不满足判据 2,逻辑 0 输出。

(3)逐步增加负序电流,直到 $I_2 \geqslant 2$ A,大于保护定值 I_{2gl},满足判据 2,逻辑 1 输出。

(4)保护延时 1 s 动作

4.保护调试

(1)输入电流:

相序	A 相	B 相	C 相	负序电流
起始电流				
逐步增加电流直至动作				

(2)在保护"采样信息"里面观察"采样值"是否与输入电流一致:

相序	A 相	B 相	C 相	负序电流
输入电流				
采样电流				
动作电流				
误差(%)				

实验步骤	（3）步长设置为 0.1 A，逐步增加电流，每增加一次，等待 1 s（留出动作时间）。 （4）观察保护动作、告警信息。 （5）当发电机出口负序电流大于 2 A 时，保护动作。 （6）记录动作电流
	5.结果分析 备注：误差计算方法：误差 = $\dfrac{\|\text{动作电流}-\text{输入电流}\|}{\text{输入电流}} \times 100\%$

（二）任务发布

同学分组讨论，根据老师的示范案例，填写任务单，完成任务。

2 号工作任务单	
工作任务：定时限负序过流保护动作时间检测	
主要工作	投入定时限负序过流保护，负序电流动作值整定为 2 A，时间整定为 8 s，加入 1.5 倍动作电流，通过实验验证保护延时时间与设定时间是否一致，计算误差大小
任务目的	掌握定时限负序过流保护延时动作的含义，以及保护调试的综合技能
实验步骤	1.保护接线（按照范例写出或者画出调试仪接口名称与保护装置对应的端子号）
	2.定值设定（可在规定范围内自己设定，也可参考任务示范设定值，注意 $T_2 > T_1$，两段间隔时间略长一点，便于观察）
	3.保护预判（按照任务示范，在实验前分析实验结果）
	4.保护调试（设计具体实验步骤，完成实验，记录数据）
	5.结果分析（对比保护预判，检查自己的分析、计算、预判是否正确，从而检查是否达到本次任务目的）
教师评分	

（三）任务拓展

根据引入案例中的数据，自行设计实验，填写 3 号工作任务单，解开案例之谜。

3号工作任务单	
工作任务：	
主要工作	
任务目的	
实验步骤	1.保护接线
	2.定值设定
	3.保护预判
	4.保护调试
	5.结果分析
注意事项	
教师评分	

六、课后思考

1.定时限负序过流保护作为发电机的后备保护,主要针对哪种故障设置?

2.识读图技能:分析定时限负序过流保护的逻辑原理图,掌握逻辑原理图识读技能。

任务七 发电机定时限对称过负荷保护调试

一、课前引导

发电机定时限对称过负荷保护告警原理

二、职业能力

1. 发电机定时限对称过负荷保护逻辑图识读能力
2. 发电机定时限对称过负荷保护数据分析、保护预判能力
3. 发电机定时限对称过负荷保护接线、调试能力

三、案例引入

×××电厂,发电机定子额定电流160.4 A,发电机出口、中性点采用同样的电流互感器,变比为 200/5。电压互感器变比为 10 000/100,为了实验安全,发电机对称过负荷保护动作值整定为 4 A,时间整定为 6 s。2021 年 8 月 1 日 13 时 30 分 30 秒,实时数据如下,发电机定时限对称过负荷保护保护告警。请问保护是否误告警,为什么?

相序	发电机机端电流
A 相	180 A 0°
B 相	180 A −120°
C 相	180 A 120°

四、原理分析

(一)保护原理

发电机定时限对称过负荷通常是由于系统切除电源,生产过程中出现短时间冲击性负荷、大型电动机自启动、发电机强行励磁、失磁运行、同期操作、振荡等原因引起的。对于大型机组,由于材料利用率高、绕组热容量与铜损比

值小,发热时间常数较低,相对过负荷能力低。为了避免定子绕组温升过高,影响机组正常寿命,必须装设定子绕组对称过负荷保护,限制发电机对称过负荷量。

保护反映发电机定子电流的大小。当任一相电流超过整定值时,经延时动作于信号。

(二)保护判据

发电机定时限对称过负荷判据:

$$I_{\max} > I_{\mathrm{gfh}}$$

式中:$I_{\max}$ 为最大相电流;I_{gfh} 为过负荷电流定值。

(三)保护逻辑

保护逻辑示意图见图 7-1。

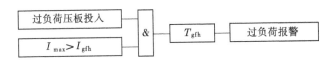

T_{gfh} 为过负荷时间定值

图 7-1　过负荷保护逻辑示意图

五、工作任务

(一)任务示范

1号工作任务单
工作任务:发电机定时限对称过负荷保护动作电流检测

主要工作	投入发电机定时限对称过负荷保护,保护动作值整定为 2 A,时间整定为 6 s。加入三相电流 1 A,步长设置为 0.1 A,逐步增加电流值直至保护动作,记录动作值,计算误差,误差应不超过±5%
任务目的	掌握定时限对称过负荷保护分析、计算、调试的综合技能

实验步骤	**1. 保护接线** 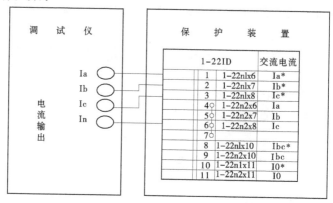 **2. 定值设定** 定时限对称过负荷动作值整定为 2 A, 时间整定为 6 s **3. 保护预判** 利用逻辑原理预判:(逻辑判据从上往下分析,见图 7-1) (1)投保护,逻辑 1 输出。 (2)输入三相电流 $I=1$ A, $1<2$, 不满足判据 2, 逻辑 0 输出。 (3)逐步增加三相电流直到 $I \geq 2$ A, 大于保护定值, 满足判据 2, 逻辑 1 输出。 (4)保护延时 6 s 动作 **4. 保护调试** (1)输入电流。 (2)在保护"采样信息"里面观察"采样值"是否与输入电流一致。

相序	A 相	B 相	C 相
输入电流	1 A　0°	1 A　−120°	1 A　−120°
采样电流			
动作电流			
误差(%)			

（3）步长设置为 0.1 A，逐步增加电流，每增加一次，等待 6 s（留出动作时间）。

（4）观察保护动作、告警信息。

（5）当发电机机端电流大于 2 A 时，保护动作。

（6）记录动作电流

5. 结果分析

备注:误差计算方法:误差$=\dfrac{|动作电流-输入电流|}{输入电流}\times 100\%$

(二)任务发布

同学分组讨论,根据老师的示范案例,填写任务单,完成任务。

2 号工作任务单	
工作任务:发电机定时限对称过负荷保护动作时间检测	
主要工作	投入发电机定时限对称过负荷保护,电流动作值整定为 2 A,时间整定为 8 s,加入 1.5 倍动作电流,通过实验验证保护延时时间与设定时间是否一致,计算误差大小
任务目的	掌握发电机定时限对称过负荷保护延时动作的含义,以及保护调试的综合技能
实验步骤	1.保护接线(按照范例写出或者画出调试仪接口名称与保护装置对应的端子号)
	2.定值设定(可在规定范围内自己设定,也可参考任务示范设定值,注意 $T_2 > T_1$,两段间隔时间略长一点,便于观察)
	3.保护预判(按照任务示范,在实验前分析实验结果)
	4.保护调试(设计具体实验步骤,完成实验,记录数据)
	5.结果分析(对比保护预判,检查自己的分析、计算、预判是否正确,从而检查是否达到本次任务目的)
教师评分	

(三)任务拓展

根据引入案例中的数据,自行设计实验,填写 3 号工作任务单,解开案例之谜。

3 号工作任务单	
工作任务:	
主要工作	
任务目的	
实验步骤	1.保护接线
	2.定值设定
	3.保护预判
	4.保护调试
	5.结果分析
注意事项	
教师评分	

六、课后思考

1. 发电机定时限对称过负荷保护作为发电机的后备保护,主要针对哪种故障设置?

2. 识读图技能:分析发电机定时限对称过负荷保护的逻辑原理图,掌握逻辑原理图识读技能。

任务八　发电机过电压保护调试

一、课前引导

发电机过电压保护动作原理

二、职业能力

1. 发电机过电压保护逻辑图识读能力
2. 发电机过电压保护数据分析、保护预判能力
3. 发电机过电压保护接线、调试能力

三、案例引入

×××电厂,发电机定子额定电流 160.4 A,发电机出口、中性点采用同样的电流互感器,变比为 200/5。电压互感器变比为 10 000/100,为了实验安全,发电机过电压保护动作值整定为 110 V,时间整定为 0.5 s。2021 年 8 月 1 日 13 时 30 分 30 秒,实时数据如下,发电机过电压保护动作。请问保护是否误动作,为什么?

相序	发电机机端相电压
A 相	8 kV　　0°
B 相	8 kV　　−120°
C 相	8 kV　　120°

四、原理分析

(一)保护原理

对于 300 MW 以上的大型汽轮发电机,定子电压等级高,出现过电压比较常见,因此需装设定子过电压保护。

定子过电压的原因:发电机满负荷运行,突然甩去全部负荷,机组转速上升,而调速器和励磁调节器作用需要一定时间,发电机在短时间内电压升高,可能高达额定电压的 1.3~1.5 倍,持续时间可能达到几秒。若调速器、自动励磁调节器碰巧故障或误操作导致退出运行,过电压持续的时间会更长。发电机主绝缘的耐压水平,通常是 1.3 倍的额定电压持续 60 s,实际电压和时间都有可能超过。因此,300 MW 以上的大型汽轮发电机宜装设过电压保护。

该保护反映发电机定子电压。其输入电压为机端电压互感器(TV)二次侧相间电压,动作后经延时切除发电机,解列灭磁。

(二)保护判据

发电机过电压判据:

$$U_{\max} > U_{gy}$$

式中:$U_{\max}$ 为最大线电压;U_{gy} 为过电压保护电压定值。

(三)保护逻辑

保护逻辑示意图见图 8-1。

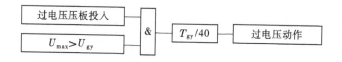

T_{gy} 为过电压保护时间定值

图 8-1 过电压保护逻辑示意图

五、工作任务

(一)任务示范

1号工作任务单	
工作任务:发电机过电压保护动作电压检测	
主要工作	加入 139 V 线电压,步长设置为 0.5 V,逐步增加电压值直至过电压保护动作,记录动作值
任务目的	掌握发电机过电压保护分析、计算、调试的综合技能

实验步骤	1. 保护接线 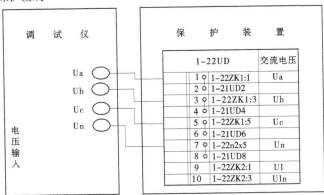 2. 定值设定 动作电压一般为 1.3 倍的额定电压,设为 140 V,动作时间为 0.5 s 3. 保护预判 利用逻辑原理预判:(逻辑判据从上往下分析,见图 8-1) (1)投保护,逻辑 1 输出。 (2)输入线电压 139 V,逐步增加线电压,大于保护定值 140 V,满足判据 2,逻辑 1 输出。 (3)保护延时 0.5 s 动作 4. 保护调试 (1)输入电压:

相序	U_{AB}	U_{BC}	U_{CA}
起始电压	139 V　0°	139 V　−120°	139 V　120°
采样电压			
动作电压			
误差(%)			

(2)在保护"采样信息"里面观察"采样值"是否与输入电压一致。

(3)步长设置为 0.5 V,逐步增加电压,每增加一次,等待 0.5 s(留出动作时间)。

(4)观察保护动作、告警信息。

(5)当发电机机端线电压大于 140 V 时,保护动作。

(6)记录动作电压

5. 结果分析

备注:误差计算方法:误差 = $\dfrac{|\text{动作电压} - \text{输入电压}|}{\text{输入电压}} \times 100\%$

（二）任务发布

同学分组讨论，根据老师的示范案例，填写任务单，完成任务。

2 号工作任务单	
工作任务：发电机过电压保护动作时间检测	
主要工作	投入发电机过电压保护，通过实验验证保护延时时间与设定时间是否一致，计算误差大小
任务目的	掌握发电机过电压保护延时动作的含义，以及保护调试的综合技能
实验步骤	1. 保护接线（按照范例写出或者画出调试仪接口名称与保护装置对应的端子号）
	2. 定值设定（可在规定范围内自己设定 110～150 V，0.1～10 s，也可参考任务示范设定值，动作时间略长一点，便于观察）
	3. 保护预判（按照任务示范，在实验前分析实验结果）
	4. 保护调试（设计具体实验步骤，完成实验，记录数据）
	5. 结果分析（对比保护预判，检查自己的分析、计算、预判是否正确，从而检查是否达到本次任务目的）
教师评分	

（三）任务拓展

根据引入案例中的数据，自行设计实验，填写 3 号工作任务单，解开案例之谜。

3 号工作任务单	
工作任务：	
主要工作	
任务目的	
实验步骤	1. 保护接线
	2. 定值设定
	3. 保护预判
	4. 保护调试
	5. 结果分析
注意事项	
教师评分	

六、课后思考

1. 发电机过电压保护是发电机的主保护还是后备保护？主要针对哪种故障设置？

2. 识读图技能:分析发电机过电压保护的逻辑原理图,掌握逻辑原理图识读技能。

任务九 发电机定子接地保护调试

一、课前引导

发电机定子接地保护动作原理

二、职业能力

1. 发电机定子接地保护逻辑图识读能力
2. 发电机定子接地保护数据分析、保护预判能力
3. 发电机定子接地保护接线、调试能力

三、案例引入

×××电厂,发电机定子额定电流160.4 A,发电机出口、中性点采用同样的电流互感器,变比为200/5。电压互感器变比为10 000/100。为了实验安全,发电机定子接地保护动作值整定为:零序电压10 V、零序电流0.5 A,时间整定为6 s。2021年8月1日13时30分30秒,实时数据如下,发电机定子接地保护零序电压保护告警,告警延时6.1 s。请问保护是否误告警,为什么?

2021年8月1日 13时30分30秒	发电机机端零序电压:14 V 0°

四、原理分析

(一)保护原理

定子绕组单相接地是发电机最常见的故障之一,主要是由于定子绕组与铁芯间的绝缘被破坏所导致的。由于发电机的中性点一般为不接地或经高阻抗接地,所以定子绕组发生单相接地短路时没有大的故障电流,往往会进一步引发相间短路或匝间短路。

单机容量为100 MW以下的发电机应装设保护区不小于90%的定子接地保护,100 MW以上的发电机要装设保护区域100%的定子接地保护。

当定子单相接地,接地电流小于安全电流时,保护可只发信号,经转移负荷后平稳停机。

当定子单相接地,接地电流大于安全电流时,保护立即跳闸停机。

现代大型发电机中性点采用经高阻抗接地(中性点经接地变接地),目的是限制发电机单相接地暂态过电压,但同时人为增大了故障电流。我国一般规定,接地电流小于 5 A,保护只发信号;当接地电流大于 5 A 时,保护立即跳闸停机。

保护反映发电机定子电压。其输入电压为机端电压互感器二次侧相间电压,动作后经延时切除发电机。

定子接地保护可通过逻辑定值选择基波零序电压式($3U_0$)原理或零序电流式($3I_0$)原理,保护范围为由机端至机内 95% 左右的定子绕组单相接地故障。

$3U_0$ 取自机端电压互感器开口三角或中性点专用零序电压互感器。因该保护无选择性,所以常用于单元接线机组。$3I_0$ 取自发电机端零序电流互感器。

(二)保护判据

发电机定子接地保护零序电压判据:

$$3U_0 > U_{jd}$$

式中:$3U_0$ 为零序电压;U_{jd} 为定子接地保护电压定值。

发电机定子接地保护零序电流判据:

$$3I_0 > I_{jd}$$

式中:$3I_0$ 为零序电流;I_{jd} 为定子接地保护电流定值。

(三)保护逻辑

保护逻辑示意图见图 9-1。

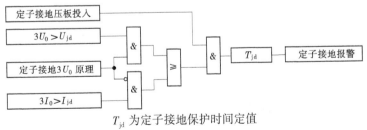

T_{jd} 为定子接地保护时间定值

图 9-1 定子接地保护逻辑示意图

五、工作任务

(一)任务示范

1号工作任务单	
工作任务:定子接地($3U_0$判据)告警检测	
主要工作	将定子接地压板投入,将定子接地$3U_0$原理投入,定子接地$3U_0$值整定为10 V,时间整定为6 s;在UI和UI_n加入9 V零序电压(利用 a 相电压代替TV开口三角形侧输出零序电压),步长为0.1 V,逐步增加电压,每增加一次,等待6 s
任务目的	掌握定子接地($3U_0$判据)告警分析、计算、调试的综合技能
实验步骤	1.保护接线 2.定值设定 零序动作电压设为10 V,动作时间设为6 s 3.保护预判 利用逻辑原理预判:(逻辑判据从上往下分析,见图9-1) (1)投保护,逻辑1输出。 (2)输入9 V零序电压,步长为0.1 V,逐步增加电压,每增加一次,等待6 s。当输入零序电压大于10 V时,满足判据2,逻辑1输出。 (3)定子接地$3U_0$原理选零序电压,满足判据3,逻辑1输出。 (4)定子接地$3U_0$原理选零序电压,不满足判据4,逻辑0输出。

保护接线表:

1-22UD		交流电压
1	1-22ZK1:1	Ua
2	1-21UD2	
3	1-22ZK1:3	Ub
4	1-21UD4	
5	1-22ZK1:5	Uc
6	1-21UD6	
7	1-22n2x5	Un
8	1-21UD8	
9	1-22ZK2:1	UI
10	1-22ZK2:3	UIn

实验步骤	(5) 延时 6 s 保护告警。
	4. 保护调试 (1) 输入电压:

3U_0 定值 10 V	零序电压:UI
起始电压	9 V　0°
采样电压	
动作电压	
误差(%)	
3U_0 定值 12 V	零序电压:UI
起始电压	
采样电压	
动作电压	
误差(%)	
3U_0 定值 15 V	零序电压:UI
起始电压	
采样电压	
动作电压	
误差(%)	

(2) 在保护"采样信息"里面观察"采样值"是否与输入电压一致。

(3) 步长设置为 0.1 V,逐步增加电压,每增加一次,等待 6 s(留出动作时间)。

(4. 观察保护动作、告警信息。

(5) 当发电机机端零序电压大于 10 V 时,保护延时动作。

(6) 记录动作电压。

(7) 修改零序电压动作定值(定值范围:6~30 V)

5. 结果分析

备注:误差计算方法:误差 $= \dfrac{|\text{动作电压}-\text{输入电压}|}{\text{输入电压}} \times 100\%$

(二)任务发布

同学分组讨论,根据老师的示范案例,填写任务单,完成任务。

2号工作任务单	
工作任务：定子接地($3I_0$判据)告警检测	
主要工作	将定子接地压板投入,将定子接地$3I_0$原理投入,定子接地$3I_0$值整定为0.5 A,时间整定为6 s;在IO^*和IO加入0.4 A零序电流(利用a相电流代替零序电流滤过器),步长为0.01 A,逐步增加电流,每增加一次,等待6 s
任务目的	掌握定子接地($3I_0$判据)告警分析、计算、调试的综合技能
实验步骤	1.保护接线
	2.定值设定 零序动作电流设为0.5 A,动作时间设为6 s
	3.保护预判
	4.保护调试
	5.结果分析
教师评分	

(三)任务拓展

根据引入案例中的数据,自行设计实验,填写3号工作任务单,解开案例之谜。

提示:案例中提及告警延时,任务中要注意延时验证。

3号工作任务单	
工作任务:	
主要工作	
任务目的	
实验步骤	1.保护接线
	2.定值设定
	3.保护预判
	4.保护调试
	5.结果分析
注意事项	
教师评分	

六、课后思考

1. 发电机定子接地保护是发电机的主保护还是后备保护？主要针对哪种故障设置？

2. 识读图技能：分析发电机定子接地保护的逻辑原理图，掌握逻辑原理图识读技能。

任务十　发电机转子一点接地保护调试

一、课前引导

发电机转子一点接地保护动作原理

二、职业能力

1. 发电机转子一点接地保护逻辑图识读能力
2. 发电机转子一点接地保护数据分析、保护预判能力
3. 发电机转子一点接地保护接线、调试能力

三、案例引入

×××电厂,发电机定子额定电流160.4 A,发电机出口、中性点采用同样的电流互感器,变比为200/5。电压互感器变比为10 000/100,为了实验安全,发电机转子一点接地保护告警整定为20 kΩ,延时6 s。2021年8月1日13时30分30秒,实时数据如下,发电机转子一点接地保护告警,延时6 s告警。请问保护是否误告警,为什么?

2021年8月1日 13时30分30秒	告警信息: 发电机转子一点接地保护告警 $R_g = 500\ \Omega$

四、原理分析

(一)保护原理

发电机转子一点接地故障是发电机常见故障。转子一点接地,没有故障电流通路,对发电机没有直接危害。但当发生一点接地后,若再发生第二点接地,就有了短路电流的通路。这时不仅会把励磁绕组、转子烧坏,还可能引起机组强烈振动。其危害主要表现在以下几个方面:

(1)部分绕组由于过电流而过热,烧坏转子本体及励磁绕组。

(2)由于部分励磁绕组被短接,高速旋转的转子励磁电流分布不均,从而

和定子三相电流形成不对称电磁力,破坏了气隙磁通的对称性,引起发电机剧烈振动,可能使转子发生机械损坏。

（3）使转子、汽轮机的汽缸等部件磁化。

水轮发电机应装设转子一点接地保护。1 MW 以上的水轮发电机一点接地后,保护动作于信号,值班员接到信号后,立即安排负荷转移和停机检修;1 MW 以下水轮发电机的一点接地采用定期检测,发现后立即停机。因为一点接地后不允许运行,水轮发电机一般不装设两点接地保护。

汽轮发电机装设一点接地,动作于信号,允许发电机继续运行一段时间。当一点接地后,又出现第二点接地,保护动作于停机。对于 100 MW 以上的大容量汽轮发电机,应该装设一点接地保护（带时限动作于信号）和两点接地保护（带时限动作于跳闸）。

进口大型发电机可以不装设两点接地保护,一点接地后立即动作于跳闸。

本实验装置中采用注入式转子一点接地保护（叠加直流法）,注入直流电源由装置自产（约 50 V）。因此,发电机运行中用万用表测转子对地电压时,正对地、负对地电压不对称。本保护动作灵敏、无死区,在发电机运行或不运行时,均可监视发电机励磁回路的对地绝缘。保护接入发电机转子负极与大轴间,测量整个转子对地（大轴）的绝缘电阻值。

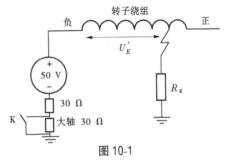

图 10-1

如图 10-1 所示,K 断开,计算流过外接直流电路电流 i:

$$i = i_1 = \frac{U'_E + 50}{R_g + 60}$$

K 接通,计算流过外接直流电路电流 i:

$$i = i_2 = \frac{U'_E + 50}{R_g + 30}$$

通过两个方程,计算出

$$R_g = \frac{30i_2 - 60i_1}{i_1 - i_2}$$

（二）保护判据

发电机转子一点接地保护判据:

$$R_g < R_{gz}$$

式中:R_g 为转子绕组对地的绝缘电阻;R_{gz} 为转子一点接地电阻定值。

（三）保护逻辑

保护逻辑见图 10-2。

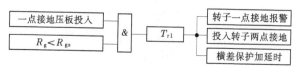

T_{r1} 为转子一点接地时间定值

图 10-2 一点接地保护逻辑示意图

五、工作任务

（一）任务示范

1号工作任务单		
工作任务：转子一点接地整定阻抗检测实验		
主要工作	将转子一点接地压板投入，转子一点接地电阻值整定为 20 kΩ，时间整定为 1 s； 　在转子负极与大轴间加入 25 kΩ 电阻箱电阻，模拟转子对大轴的接地电阻值，减小该电阻大小，经延时转子接地报警	
任务目的	掌握转子一点接地告警分析、计算、调试的综合技能	
实验步骤	1. 保护接线 2. 定值设定 转子一点接地电阻值整定为 20 kΩ，时间整定为 1 s 3. 保护预判 利用逻辑原理预判：(逻辑判据从上往下分析，见图 10-1) (1) 投保护，逻辑 1 输出。 (2) 输入模拟接地电阻 25 kΩ。	

1. 保护接线

保护装置 12U121 选ua+24直流 选ub-24直流	1-23D		转子直流回路		变阻箱
	1	1-23n:1	正		
	2	1-23n:3	负	MAX	2×10000
	3	1-23KLP1:1		com	3×1000
	4	1-23KLP2:1	大轴		

实验步骤	（3）减小电阻，直到保护告警（每次减小电阻后，等待 1 s）
	4. 保护调试 转子一点接地电阻检测： （下方表格）
	5. 结果分析 备注：误差计算方法：误差 $=\dfrac{\|动作电阻-输入电阻\|}{输入电阻}\times100\%$

转子对大轴的绝缘电阻值		
动作电阻（kΩ）		
采样电阻（kΩ）		
转子一点接地告警信息		
误差（%）		

（二）任务发布

同学分组讨论，根据老师的示范案例，填写任务单，完成任务。

2 号工作任务单	
工作任务：转子一点接地告警时间检测实验	
主要工作	将转子一点接地压板投入，转子一点接地电阻值整定为 20 kΩ，时间整定为 10 s；在转子负极与大轴间加入 10 kΩ 电阻箱电阻，模拟转子对大轴的接地电阻值，减小该电阻大小，经延时转子接地报警
任务目的	掌握转子一点接地告警分析、计算、调试的综合技能
实验步骤	1. 保护接线
	2. 定值设定
	3. 保护预判
	4. 保护调试
	5. 结果分析
教师评分	

(三)任务拓展

根据引入案例中的数据,自行设计实验,填写 3 号工作任务单,解开案例之谜。

提示:案例中提及告警延时,任务中要注意延时验证。

3 号工作任务单	
工作任务:	
主要工作	
任务目的	
实验步骤	1. 保护接线
	2. 定值设定
	3. 保护预判
	4. 保护调试
	5. 结果分析
注意事项	
教师评分	

六、课后思考

1. 发电机转子一点接地保护是发电机的主保护还是后备保护?主要针对哪种故障设置?

2. 识读图技能:分析发电机转子一点接地保护的逻辑原理图,掌握逻辑原理图识读技能。

3. 分析转子一点接地与横差保护的关系。

任务十一　发电机转子两点接地保护调试

一、课前引导

发电机转子两点接地保护动作原理

二、职业能力

1. 发电机转子两点接地保护逻辑图识读能力
2. 发电机转子两点接地保护数据分析、保护预判能力
3. 发电机转子两点接地保护接线、调试能力

三、案例引入

×××电厂,发电机定子额定电流160.4 A,发电机出口、中性点采用同样的电流互感器,变比为200/5。电压互感器变比为10 000/100,为了实验安全,发电机转子一点接地保护告警整定为20 kΩ,延时1 s。将转子两点接地压板投入,二次谐波电压值整定为5 V,时间整定为3 s。2021年8月1日13时30分30秒,实时数据如下,发一点接地告警后,转子两点接地延时3 s保护动作。请问保护是否误动作,为什么?

2021 年 8 月 1 日 13 时 30 分 30 秒	告警信息: 发电机转子一点接地保护告警 $R_g = 10 \text{ k}\Omega$ 发电机转子两点接地保护动作	采样信息: $U_{2w2} = 6 \text{ V}$ $U_{2w1} = 3 \text{ V}$

四、原理分析

(一)保护原理

当发电机转子绕组两点接地时,其气隙磁场将发生畸变,在定子绕组中将产生二次谐波负序分量电势。转子两点接地保护即反映定子电压中二次谐波

负序分量。二次谐波负序分量大于整定值,且大于 2 倍二次谐波正序分量时,经延时出口。转子两点接地保护受转子一点接地保护闭锁。

（二）保护判据

发电机转子两点接地保护判据:

$$U_{2w2} > U_{g2}$$
$$U_{2w2} > 2U_{2w1}$$

式中:U_{2w2} 为二次谐波负序分量;U_{2w1} 为二次谐波正序分量;U_{g2} 为转子两点接地二次谐波电压定值。

（三）保护逻辑

逻辑示意图见图 11-1。

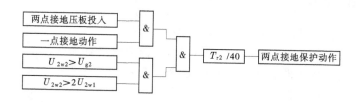

T_{r2} 为转子两点接地时间定值

图 11-1　发电机转子两点接地保护逻辑示意图

五、工作任务

（一）任务示范

1 号工作任务单	
工作任务:转子两点接地 U_{2w2} 二次谐波负序分量判据实验	
主要工作	将转子两点接地压板投入,U_{g2} 二次谐波电压值整定为 5 V,时间整定为 1 s;保留一点接地的接线不变,将电阻箱调为 0 Ω。一点接地保护动作后,U_{2w2} 输入 3 V,U_{2w1} 初始输入为 4 V。减小 $U_{2w1}=3$ V,增加 U_{2w2} 直到保护动作
任务目的	掌握转子两点接地 U_{2w2} 二次谐波负序分量动作分析、计算、调试的综合技能

实验步骤	1. 保护接线

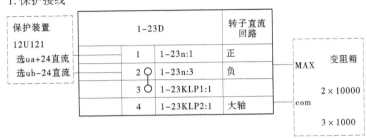

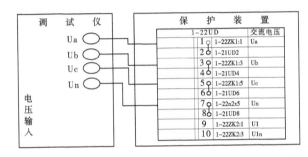

2. 定值设定

转子一点接地电阻值整定为 20 kΩ,时间整定为 1 s。将转子两点接地压板投入,U_{g2} 二次谐波电压值整定为 5 V,时间整定为 1 s

3. 保护预判

利用逻辑原理预判:(逻辑判据从上往下分析,见图 11-1)

(1)投两点接地保护,逻辑 1 输出。

(2)输入模拟接地电阻 0 kΩ,逻辑 1 输出。

(3)U_{g2} 二次谐波电压值整定为 5 V,U_{2w2} 初始输入为 3 V,$U_{2w2}<U_{g2}$,逻辑 0 输出,保护不动作。

(4)U_{2w2} 初始输入为 3 V = U_{2w1}:3 V,逻辑 0 输出,保护不动作。

(5)增加 $U_{2w2}=5.1$ V,U_{2w2}:5.1 V>U_{g2}:5 V,逻辑 1 输出。

(6)同时 $U_{2w2}=5.1$ V>$U_{2w1}=3$ V,逻辑 1 输出。

(7)上下两个与门输出 1,最终与门输出 1,保护延时 1 s 动作。

4. 保护调试

转子两点接地 U_{2w2} 二次谐波负序分量判据实验检测:

U_{2w2} 二次谐波负序分量初始输入量(变量)	
U_{2w1} 二次谐波正序分量输入量(不变量)	
U_{2w2} 动作值	
U_{2w2} 误差值(%)	

备注:误差计算方法:误差 $=\dfrac{|动作值-输入值|}{输入值}\times100\%$

5. 结果分析

（二）任务发布

同学分组讨论,根据老师的示范案例,填写任务单,完成任务。

2 号工作任务单	
工作任务：转子两点接地 U_{2w1} 二次谐波正序分量判据实验	
主要工作	将转子一点接地压板投入,转子一点接地电阻值整定为 20 kΩ,时间整定为 1 s;保留一点接地的接线不变,将电阻箱调为 0 Ω。一点接地保护动作后,U_{2w1} 输入 5 V,U_{2w2} 输入为 4 V 不变,U_{g2} 为 3 V。减小 U_{2w1},直到保护动作
任务目的	掌握转子两点接地 U_{2w1} 二次谐波正序分量保护动作分析、计算、调试的综合技能
实验步骤	1. 保护接线
	2. 定值设定
	3. 保护预判
	4. 保护调试
	5. 结果分析
教师评分	

（三）任务拓展

根据引入案例中的数据,自行设计实验,填写 3 号工作任务单,解开案例之谜。

3 号工作任务单	
工作任务：	
主要工作	
任务目的	
实验步骤	1. 保护接线
	2. 定值设定
	3. 保护预判
	4. 保护调试
	5. 结果分析
注意事项	
教师评分	

六、课后思考

1.发电机转子两点接地是发电机的主保护还是后备保护? 主要针对哪种故障设置?

2.识读图技能:分析发电机转子两点接地保护的逻辑原理图,掌握逻辑原理图识读技能。

任务十二　发电机单元件横差保护调试

发电机单元件横差保护动作原理

1. 发电机单元件横差保护逻辑图识读能力
2. 发电机单元件横差保护数据分析、保护预判能力
3. 发电机单元件横差保护接线、调试能力

　　×××电厂,发电机定子额定电流 160.4 A,发电机出口、中性点采用同样的电流互感器,变比为 200/5。电压互感器变比为 10 000/100,为了实验安全,发电机转子一点接地保护告警整定为 20 kΩ,延时 1 s。转子一点接地压板投入,单元件横差保护压板投入,单元件横差保护值整定为 3 A,时间整定为 10 s。2021 年 8 月 1 日 13 时 30 分 30 秒,动作信息如下,请问保护是否误动作,为什么?

2021 年 8 月 1 日 13 时 30 分 30 秒	动作信息: 单元件横差保护动作	采样信息: $R_g = 100 \text{ k}\Omega$ $I_h = 5 \text{ A}$

(一)保护原理

单机容量比较大的机组,每相都做成两个或者两个以上的绕组并联。

横差保护主要用于每相定子绕组为多分支,且有两个或两个以上中性点引出的发电机,反映的是定子匝间短路。其保护电流取自两组中性点连线上的电流互感器二次侧,是发电机定子绕组匝间短路(同分支匝间短路及同相

不同分支之间的匝间短路)、线棒开焊的主保护,也能保护定子绕组相间短路。

横差保护是发电机内部故障的主保护,动作应无延时。但考虑到在发电机转子绕组两点接地短路时发电机气隙磁场畸变可能致使保护误动,故在转子一点接地后,横差保护带一短延时动作,防止转子两点接地导致横差保护误动。

(二) 保护判据

发电机横差保护判据:

$$I_h > I_{hc}$$

式中:I_h 为横差电流;I_{hc} 为横差保护电流定值。

(三) 保护逻辑

保护逻辑见图 12-1。

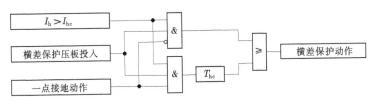

T_{hc} 为横差延时时间定值

图 12-1　横差保护逻辑示意图

五、工作任务

(一) 任务示范

1号工作任务单	
工作任务:横差保护动作值检测实验	
主要工作	将单元件横差保护压板投入,单元件横差保护值整定为 3 A,时间整定为 1 s;在 Ihc 通道加入 2 A 电流,步长设置为 0.1 A,逐步增加电流值直至横差保护动作,记录动作值,误差应不超过±5%
任务目的	掌握单元件横差保护动作分析、计算、调试的综合技能

实验步骤	1. 保护接线

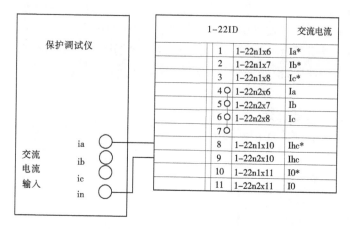

	1-22ID		交流电流
	1	1-22n1x6	Ia*
	2	1-22n1x7	Ib*
	3	1-22n1x8	Ic*
	4	1-22n2x6	Ia
	5	1-22n2x7	Ib
	6	1-22n2x8	Ic
	7		
	8	1-22n1x10	Ihc*
	9	1-22n2x10	Ihc
	10	1-22n1x11	I0*
	11	1-22n2x11	I0

2. 定值设定

将单元件横差保护压板投入,单元件横差保护值整定为 3 A,时间整定为 1 s

3. 保护预判

利用逻辑原理预判:(逻辑判据从上往下分析,见图 12-1)

(1)I_h 初始值为 2 A,小于 I_{hc}(3 A),逻辑 0 输出。

(2)增大 I_h 到 3.1 A,大于 I_{hc}(3 A),逻辑 1 输出。

(3)横差保护压板投入,逻辑 1 输出。

(4)一点接地未发生,逻辑 0 输出。

(5)从第一个与门输出逻辑 1,不延时,横差保护动作。

(6)如果发生一点接地,第二个与门输出逻辑 1,延时等待,一点接地延时发一点接地告警,如果紧接着第二点接地,转子两点接地动作,横差保护返回。

(7)设置横差保护延时的目的是防止两点接地引起横差保护误动作

4. 保护调试

单元件横差保护动作电流实验检测(未发生转子一点接地故障):

横差回路输入电流(A)	
横差保护动作电流(A)	
保护动作电流误差(%)	

5. 结果分析

(二) 任务发布

同学分组讨论,根据老师的示范案例,填写任务单,完成任务。

2 号工作任务单	
工作任务:横差保护与转子一点接地保护关联实验	
主要工作	将转子一点接地压板投入,转子一点接地电阻值整定为 20 kΩ,时间整定为 1 s;将单元件横差保护压板投入,单元件横差保护值整定为 3 A,时间整定为 1 s;在 Ihc 通道加入 4 A 电流,分别将电阻箱调为 25 kΩ、10 kΩ 完成两次实验,找出横差保护与转子一点接地保护的关联
任务目的	掌握横差保护与转子一点接地保护关联动作分析、计算、调试的综合技能
实验步骤	1.保护接线
	2.定值设定
	3.保护预判
	4.保护调试
	5.结果分析
教师评分	

(三) 任务拓展

根据引入案例中的数据,自行设计实验,填写 3 号工作任务单,解开案例之谜。

3 号工作任务单	
工作任务:	
主要工作	
任务目的	
实验步骤	1.保护接线
	2.定值设定
	3.保护预判
	4.保护调试
	5.结果分析
注意事项	
教师评分	

六、课后思考

1. 发电机单元件横差保护是发电机的主保护还是后备保护？主要针对哪种故障设置？

2. 识读图技能：分析发电机单元件横差保护的逻辑原理图，掌握逻辑原理图识读技能。

3. 发电机单元件横差保护与转子一点接地、两点接地保护的关联分析。

任务十三　发电机失磁（低励）保护调试

一、课前引导

发电机失磁（低励）保护动作原理

二、职业能力

1. 发电机失磁（低励）保护逻辑图识读能力
2. 发电机失磁（低励）保护数据分析、保护预判能力
3. 发电机失磁（低励）保护接线、调试能力

三、案例引入

×××电厂，发电机定子额定电流 160.4 A，发电机出口、中性点采用同样的电流互感器，变比为 200/5。电压互感器变比为 10 000/100，为了实验安全，失磁低电压整定为 90 V，转子低电压整定为 210 V，失磁保护一时限整定为 10 s，失磁保护二时限整定为 20 s。2021 年 8 月 1 日 13 时 30 分 30 秒，动作信息如下，请问保护是否误动作，为什么？

2021 年 8 月 1 日 13 时 30 分 30 秒	动作信息：失磁保护二段动作	转子采样电压：10 V	机端采样相电压：	机端采样相电流：
			U_a:50 V　0°	I_a:0.1 A　0°
			U_b:50 V　240°	I_b:0.1 A　240°
			U_c:50 V　120°	I_c:0.1 A　120°

四、原理分析

（一）保护原理

1. 失磁原因及物理过程

失磁保护也称为低励失磁保护。低励失磁是指发电机部分或者全部失去

励磁。

失磁原因很多,主要有如下几种:

(1)励磁回路开路,励磁绕组断线,灭磁开关误动作,励磁调节器开关误动作,晶闸管部分元件损坏。

(2)励磁绕组长期发热,绝缘老化或损坏引起短路。

(3)运行人员误调整。

发电机失磁后,转子出现转差,定子电流增大,定子电压下降,有功功率下降,发电机从电网吸收无功功率。失磁后的物理过程如下:

(1)功角<90°,发电机未失步——同步振荡。

(2)功角=90°,(静稳态极限角)——临界失步状态。

(3)功角>90°,转子加速剧烈——异步运行阶段,直到稳态异步运行阶段。

发电机转速超过同步转速,产生差频电流,频率大于系统频率(F_G-F_S),将产生异步功率 P_{ac},进而发电机进入稳态的异步运行阶段。

2. 失磁保护判据

失磁保护采用阻抗原理,由低阻抗判据($Z_g<$)、转子低电压判据($U_L<$)、机端低电压判据($U_g<$)构成。

保护输入量有机端三相电压、发电机三相电流、转子直流电压。

1)低阻抗判据

正常运行时,若用阻抗复平面表示机端测量阻抗,则阻抗的轨迹在第 1 象限(滞相运行)或第 4 象限(进相运行)内,见图 13-1。发电机失磁后,机端测量阻抗的轨迹将沿着等有功阻抗圆进入异步边界圆内。

阻抗元件动作特性如下:

$$Z_g = \frac{U_g}{I_g}$$

(1)发电机正常运行时,机端测量阻抗 Z_g 在 a 点运行(等有功圆)。有功越大,圆的直径越小。

(2)正常运行在第 1 象限(滞相运行),功角为正,失磁后无功功率变为负,功角逐渐由正变为负,测量阻抗也从第 1 象限逐渐变向第 4 象限。

(3)当功角=90°时,到达临界失步点(Q 为常数,故又称等无功圆,又叫临界失步圆、静稳边界阻抗圆)。

(4)失磁后测量阻抗 Z_g 由第 1 象限变向第 4 象限,最终稳定在第 4 象限。

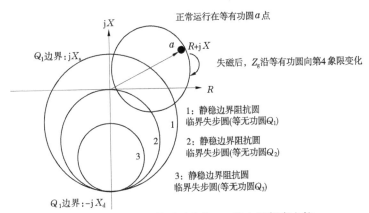

正常运行在等有功圆a点

Q_1 边界: jX_s

失磁后, Z_g 沿等有功圆向第4象限变化

1: 静稳边界阻抗圆 临界失步圆(等无功圆 Q_1)

2: 静稳边界阻抗圆 临界失步圆(等无功圆 Q_2)

3: 静稳边界阻抗圆 临界失步圆(等无功圆 Q_3)

Q_1 边界: $-jX_d$

X_s:发电机与系统间的联系电抗; X_d 发电机暂态电抗

注:无功大小不同,静稳边界阻抗圆半径、圆心不同,以等无功圆 Q_1 为例:

$$圆心坐标(0, -\frac{X_d - X_s}{2}), 半径为 \frac{X_d - X_s}{2}$$

图 13-1　机端测量阻抗 Z_g 运行轨迹

2) 转子低电压判据

通过转子低电压判据,可以较早发现发电机是否失磁,从而在发电机尚未失去稳定之前采取措施,以防事故扩大。同时利用励磁电压变化区分外部短路、系统振荡、发电机失磁。发电机失磁:励磁电压、电流下降。外部短路、系统振荡:励磁电压、电流因为强励而上升。

另外,可以用延时区别振荡和失磁。振荡时 Z_g 在动作区,时间短。设置延时可以避免振荡导致的保护误动作。

可以利用图 13-2,判断转子是否满足低电压判据。

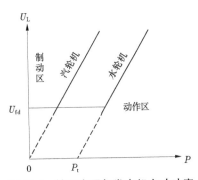

图 13-2　转子电压与发电机有功功率动作特性曲线

转子低电压判据如下:

①$U_L < U_{fd}$　($U_L < U_{fd}$)

②$U_L < 125(P - P_t)/(173.2 I_n K_{fd})$　($U_L > U_{fd}$)

式中:U_L 为转子电压;I_n 为 TA 二次额定电流(5 A/1 A);P 为有功功率计算值;P_t 为反应功率定值;U_{fd} 为转子低电压定值;K_{fd} 为转子低电压系数定值。

（二）保护判据

发电机失磁保护判据：

（1）转子低电压判据：$U_L < U_{fd}$。

（2）机端低电压判据：$U_g < U_{gz}$。

（3）低阻抗判据：Z_g 在动作区内。

（三）保护逻辑

保护逻辑见图 13-3。

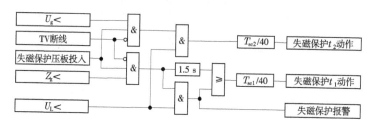

图 13-3　保护逻辑示意图

图中：$U_g <$ 为失磁保护机端低电压元件；$Z_g <$ 为失磁保护阻抗元件；$U_L <$ 为转子低电压元件；T_{sc1}/T_{sc2} 为失磁保护动作时间。

满足转子低电压判据和低阻抗判据失磁告警，不延时发信号，保护不动作，说明在失磁初期，不用跳闸。

满足转子低电压判据和低阻抗判据，加入 1.5 s 延时，说明不是振荡，失磁保护 I 段经 t_1 动作于出口。

满足机端低电压判据和转子低电压判据，失磁保护 II 段经 t_2 动作于出口。

五、工作任务

（一）任务示范

1 号工作任务单	
工作任务：失磁保护告警、失磁保护 I 段逻辑判据检测实验	
主要工作	利用实验满足转子低电压判据和低阻抗判据，但是不满足机端低电压判据。 （1）观察保护是否不延时发"失磁告警"信号。告警后立即停止实验。 （2）如果不立即停止实验，观察保护是否经过失磁保护 I 段延时动作。失磁保护 I 段延时动作后立即停止实验。 通过以上实验，验证失磁保护告警、失磁保护 I 段逻辑判据是否正确

任务目的	掌握失磁保护告警、失磁保护Ⅰ段动作分析、计算、调试的综合技能

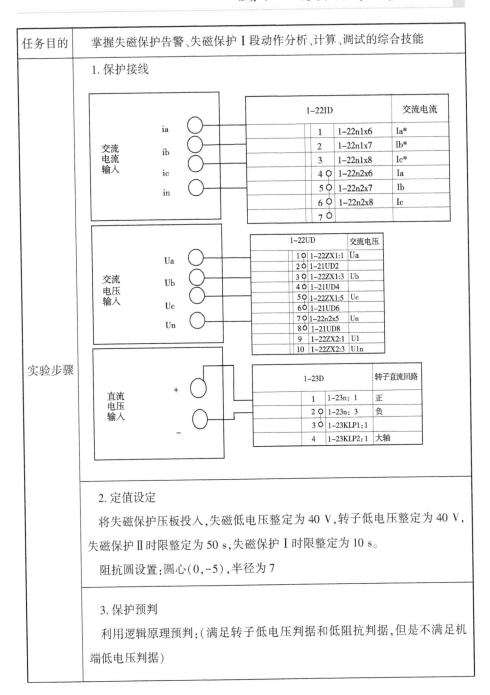

1. 保护接线

2. 定值设定

将失磁保护压板投入,失磁低电压整定为 40 V,转子低电压整定为 40 V,失磁保护Ⅱ时限整定为 50 s,失磁保护Ⅰ时限整定为 10 s。

阻抗圆设置:圆心(0,-5),半径为 7

3. 保护预判

利用逻辑原理预判:(满足转子低电压判据和低阻抗判据,但是不满足机端低电压判据)

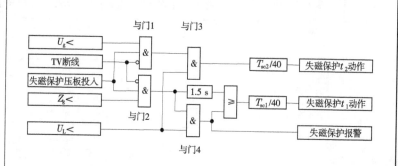

（1）失磁投入+满足 $Z_g<$+不满足 $U_g<$：与门 1 输出"0"，与门 2 输出"1"。

（2）转子低电压 $U_L<$ 满足：与门 2 输出"1"，与门 4 输出"1"，失磁保护报警。

（3）实验如果马上停止，失磁保护发保护告警信号。

（4）实验如果不马上停止，延时 T_{sc1} 后，保护经过延时动作，发失磁Ⅰ段信号并动作跳闸

4. 保护调试

（1）投入失磁保护压板，观察采样窗口 Z_g，改变电流的大小或者角度，让 Z_g 变化到在动作区域内。

（2）失磁低电压整定为 10 V（为了安全，电压设定比较低），转子低电压整定为 210 V，失磁保护Ⅱ时限整定为 20 s，失磁保护Ⅰ时限整定为 10 s。

（3）在机端侧电压 A、B、C 相加入 57.7 V 相电压（目的是保证线电压>10 V，保证机端低电压判据不满足。转子不加电压，满足转子低电压判据）。

（4）在保护电流 A、B、C 相加入 5 A 电流。保护装置自动计算阻抗。在采样窗口记录此时的阻抗 Z_g。

（5）电压起始角度起始角度和电流起始角度均是 0°、240°、120°，观察采样窗口的 Z_{g0} 值并记录。

（6）可以通过增大电流的大小，找到某个在动作区域内的 Z_{g1}。

（7）也可以只改变电流的角度（减小电流角度），找到某个在动作区域内的 Z_{g2}。

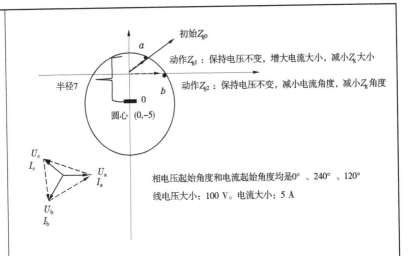

实验步骤	输入电压（定子）	输入电流（定子）	采样转子电压	动作电流 动作阻抗	动作电流 动作阻抗
	U_a:57.7 V　0°	I_a:5 A　0°		动作电流： Z_{g1}：	动作电流： Z_{g2}：
	U_b:57.7 V　240°	I_b:5 A　240°			
	U_c:57.7 V　120°	I_c:5 A　120°			
	告警信息(告警后立即停止实验)				
	动作报文(告警后等待 10 s 以上)				
	绘制阻抗圆:圆心(0,-5),半径为 7,并在坐标图上绘制出 Z_{g0}、Z_{g1}、Z_{g2}				

5. 结果分析

　　观察最终动作的 Z_{g0}、Z_{g1}、Z_{g2},哪些在设定的阻抗圆:圆心(0,-5),半径为 7 的圆内,验证保护预测是否正确。失磁告警和失磁 Ⅰ 段动作条件是什么? 通过实验是否验证?

(二)任务发布

同学分组讨论,根据老师的示范案例,填写任务单,完成任务。

2 号工作任务单

工作任务:失磁保护Ⅱ段逻辑判据检测实验	
主要工作	利用实验满足转子低电压判据和机端低电压判据,但是不满足低阻抗判据。 观察保护是否不延时发"失磁Ⅱ段"动作信号。动作后立即停止实验
任务目的	掌握失磁保护Ⅱ段动作分析、计算、调试的综合技能
实验步骤	1. 保护接线 2. 定值设定 将失磁保护压板投入,失磁低电压整定为 40 V,转子低电压整定为 40 V,失磁保护Ⅱ段时限整定为 20 s。 阻抗圆设置:圆心(0,-5),半径为 7 3. 保护预判 提示:要满足转子低电压判据,转子回路不加电压即可。 　　　要满足机端低电压判据,必须通过计算。 ①$U_L < U_{fd}$　($U_L < U_{fd}$) ②$U_L < 125(P-P_t)/(173.2 I_n K_{fd})$　($U_L > U_{fd}$) 以上一个实验的初始输入电压、电流为例计算: 将失磁保护压板投入,失磁低电压整定为 40 V,即 $U_{fd} = 40$ V。 输入定子线电压 $U_L = 100$ V 左右,通过采样窗口可以直接得到 $U_L > U_{fd}$,带入第二个判据计算:$125(P-P_t)/(173.2 I_n K_{fd})$ 其中,P:采样窗口得到(也可自己计算)$= 1.732×100×5×0.5(\cos 60°)$; P_t:通常是 P 的 3%; $I_n = 5$ A,$K_{fd} = 1$。 计算结果 $125(P-P_t)/(173.2 I_n K_{fd}) = 59$。 $U_L = 100 > 59$,所以在初始 Z_{g0} 时,保护不会动作。 接下来,必须要减小 U_L,但是又不能让低阻抗判据动作。

实验步骤	减小 U_L,当 $U_L < U_{fd} = 40\ \text{V}$ 时,满足转子低电压判据,同时低阻抗判据不能满足
	4.保护调试 通过实验完成下表:
	<table><tr><td>输入电压(定子)</td><td>U_a:57.7 V　0°,U_b:57.7 V　240°;U_c:57.7 V　120°</td></tr><tr><td>输入电流(定子)</td><td>I_a:5 A　0°;I_b:5 A　240°;I_c:5 A　120°</td></tr><tr><td>采样转子电压</td><td></td></tr><tr><td>输入阻抗 Z_{g0}</td><td></td></tr><tr><td>动作电压 U_L</td><td></td></tr><tr><td>不动作阻抗 Z_{g3}</td><td></td></tr><tr><td>动作报文 (告警后等待20 s以上)</td><td></td></tr><tr><td colspan="2">绘制阻抗圆:圆心(0,-5),半径为7,并在坐标图上绘制出 Z_{g0}、Z_{g3}</td></tr></table>
	5.结果分析 观察最终动作的 Z_{g0}、Z_{g3} 是否在设定的阻抗圆:圆心(0,-5),半径为7的圆外,验证保护预测是否正确。失磁Ⅱ段动作条件是什么?通过实验是否验证?
教师评分	

3号工作任务单

工作任务:失磁保护Ⅱ段定值检测实验	
主要工作	利用实验满足机端低电压判据,但是不满足转子低电压判据和低阻抗判据。 减小 U_L,观察保护是否延时发"失磁Ⅱ段"动作信号,动作后立即停止实验。验证 U_L 定值,计算误差

任务目的	掌握失磁保护Ⅱ段动作分析、计算、调试的综合技能
实验步骤	1. 保护接线
	2. 定值设定 将失磁保护压板投入,失磁低电压整定为 40 V,转子低电压整定为 40 V,失磁保护Ⅱ段时限整定为 20 s。 阻抗圆设置:圆心(0,−5),半径为 7
	3. 保护预判
	4. 保护调试
	5. 结果分析
教师评分	

<table>
<tr><th colspan="2">4号工作任务单</th></tr>
<tr><td colspan="2">工作任务:失磁保护Ⅱ段时间检测实验</td></tr>
<tr><td>主要工作</td><td>利用实验满足机端低电压判据和转子低电压判据,但不满足低阻抗判据。验证保护延时时间是否与设定相同,动作后立即停止实验,计算误差</td></tr>
<tr><td>任务目的</td><td>掌握失磁保护Ⅱ段动作分析、计算、调试的综合技能</td></tr>
<tr><td rowspan="5">实验步骤</td><td>1. 保护接线</td></tr>
<tr><td>2. 定值设定
将失磁保护压板投入,失磁低电压整定为 40 V,转子低电压整定为 40 V,失磁保护Ⅱ段时限整定为 20 s。
阻抗圆设置:圆心(0,−5),半径为 7</td></tr>
<tr><td>3. 保护预判(难点:找到非动作阻抗点)</td></tr>
<tr><td>4. 保护调试</td></tr>
<tr><td>5. 结果分析(绘制阻抗圆,标出不动作的阻抗点)</td></tr>
<tr><td>教师评分</td><td></td></tr>
</table>

5号工作任务单	
工作任务:失磁保护Ⅰ段时间检测实验	
主要工作	利用实验满足失磁保护Ⅰ段判据,验证保护延时时间是否与设定相同,动作后立即停止实验,计算误差。(提示,为了实验简便,可以同时满足失磁保护Ⅰ段和Ⅱ段,利用失磁保护Ⅱ段的长延时,来保证只检验失磁保护Ⅰ段)
任务目的	掌握失磁保护Ⅰ段动作分析、计算、调试的综合技能
实验步骤	1.保护接线
	2.定值设定 　　将失磁保护压板投入,失磁低电压整定为40 V,转子低电压整定为40 V,失磁保护Ⅰ段时限整定为5 s,失磁保护Ⅱ段时限整定为80 s。(提示:两段失磁延时差距设置大一些,方便实验观察) 　　阻抗圆设置:圆心(0,−5),半径为7
	3.保护预判 　　(提示:①不满足转子低电压判据,转子输入电压大于40 V;只满足低阻抗判据。②可以利用前面实验找到的动作区内阻抗,满足低阻抗判据)
	4.保护调试 　　(提示:失磁保护Ⅰ段一动作,马上停止实验)
	5.结果分析(绘制阻抗圆,标出动作阻抗点)
教师评分	

(三)任务拓展

　　根据引入案例中的数据,自行设计实验,填写6号工作任务单,解开案例之谜。

6号工作任务单	
工作任务:	
主要工作	
任务目的	
实验步骤	1.保护接线
	2.定值设定
	3.保护预判
	4.保护调试
	5.结果分析(绘制阻抗圆)
注意事项	
教师评分	

根据定值清单的阻抗圆圆心、半径设定范围,自行设计另一个动作阻抗圆,并至少找到一个非动作阻抗、一个动作阻抗,填写7号工作任务单。

7号工作任务单	
工作任务:自行设计另一个动作阻抗圆,并至少找到一个非动作阻抗、一个动作阻抗	
主要工作	
任务目的	掌握动作阻抗圆的意义,以及数据分析、调试的技能
实验步骤	1. 保护接线
	2. 定值设定
	3. 保护预判
	4. 保护调试
	5. 结果分析(绘制阻抗圆,标出至少两个阻抗点)
注意事项	
教师评分	

六、课后思考

1. 发电机失磁保护是发电机的主保护还是后备保护?主要针对哪种故障设置?

2. 识读图技能:分析发电机失磁保护的逻辑原理图,掌握逻辑原理图识读技能。

3. 说出动作阻抗圆的意义,什么是动作区,解释发电机机端测量阻抗 Z_g 的计算方法。

任务十四　发电机励磁变三段式复压闭锁过流保护调试

一、课前引导

1. 励磁变的作用
2. 三段式复压闭锁过流保护的原理和特点
3. 复压闭锁的意义

二、职业能力

1. 三段式复压闭锁过流保护逻辑图识读能力
2. 三段式复压闭锁过流保护数据分析、保护预判能力
3. 三段式复压闭锁过流保护接线、调试能力

三、案例引入

×××电厂,发电机定子额定电流 160.4 A,发电机出口、中性点采用同样的电流互感器,变比为 200/5。电压互感器变比为 10 000/100,每台发电机出口配一台励磁变:Ⅰ段动作电流为 6 A,时间 0.5 s;Ⅱ段动作电流为 4 A,时间 1 s;Ⅲ段动作电流为 2 A,时间 1.5 s;正序低电压定值为 5 V,负序过电压定值为 6 V。2021 年 8 月 1 日 13 时 30 分 30 秒,动作信息如下,请问保护是否误动作,为什么?

2021 年 8 月 1 日 13 时 30 分 30 秒	动作信息:第Ⅰ段复压闭锁过流保护动作	采样信息:I_A、I_B、I_C=7 A、8 A、9 A 负序电压为 8 V

四、原理分析

(一)保护原理

1. 三段式电流保护

三段式电流保护动作电流的关系:$i_{op}^{I}>i_{op}^{II}>i_{op}^{III}$。

三段式电流保护动作延时的关系:$t_{op}^{I}>t_{op}^{II}>t_{op}^{III}$。

三段式电流保护保护范围的关系:$L_{op}^{I}>L_{op}^{II}>L_{op}^{III}$。

2. 正序低电压闭锁元件

低电压元件在3个线电压均低于正序低电压闭锁定值时动作,开放被闭锁保护元件(反映对称故障)。

3. 负序过电压闭锁元件

当负序电压大于负序过电压定值时动作,开放被闭锁保护元件(反映不对称故障)。负序过电压闭锁元件与正序低电压闭锁元件共同构成复合电压闭锁元件(或逻辑)。

(二)保护判据

三段式复压闭锁过流保护判据:

(1)过电流判据:$I>I_{op}$。

(2)正序低电压判据(线电压):$U_1<U_{1bs}$。

(3)负序过电压判据:$U_2>U_{2bs}$。

(三)保护逻辑

保护逻辑示意图见图14-1。

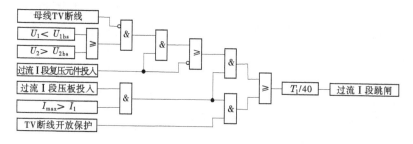

图 14-1　保护逻辑示意图

图中:I_{max} 为最大相电流;I_1 为过流 I 段电流定值;T_1 为过流 I 段时间定值;U_1 为正序线电压;U_{1bs} 为正序低电压闭锁定值;U_2 为负序相电压;U_{2bs} 为负序过电压闭锁定值。

五、工作任务

(一)任务示范

1号工作任务单	
工作任务:过流Ⅰ段动作值检测实验(Ⅱ段、Ⅲ段实验方法相同)	
主要工作	1.只将过流Ⅰ段压板投入,过流Ⅰ段电流整定为2 A,过流Ⅰ段时间整定为0.5 s。 2.分别在A、B、C相加入1 A电流,步长设置为0.1 A,逐步增加电流值直至保护动作。 3.记录动作值,误差应不超过±5%。 4.尝试只改变一相电流或者三相电流同时改变,观察保护动作有无区别。 5.同上:分别完成Ⅱ段、Ⅲ段实验
任务目的	掌握过流Ⅰ段、Ⅱ段、Ⅲ段保护动作分析、计算、调试的综合技能
实验步骤	1.保护接线(利用原理图展示接线,复习原理图与接线图的联系) 2.定值设定 过流Ⅰ段电流整定为5 A,过流Ⅰ段时间整定为1 s; 过流Ⅱ段电流整定为4 A,过流Ⅱ段时间整定为2 s; 过流Ⅲ段电流整定为3 A,过流Ⅲ段时间整定为3 s。 (三段保护可分别投入,进行实验) 3.保护预判 满足过流判据+TV断线开放:保护动作

	4.保护调试
实验 步骤	

<table>
<tr><th colspan="4">过流 I 段实验(三相加入相同电流)</th></tr>
<tr><td>相序</td><td>A 相</td><td>B 相</td><td>C 相</td></tr>
<tr><td>初始输入电流</td><td></td><td></td><td></td></tr>
<tr><td>动作输入电流</td><td></td><td></td><td></td></tr>
<tr><td>动作采样电流</td><td></td><td></td><td></td></tr>
<tr><td>电流误差(%)</td><td></td><td></td><td></td></tr>
<tr><td>动作时间</td><td></td><td></td><td></td></tr>
<tr><td>时间误差(%)</td><td></td><td></td><td></td></tr>
</table>

<table>
<tr><th colspan="4">过流 I 段实验(只改变某一相电流)</th></tr>
<tr><td>相序</td><td>A 相</td><td>B 相</td><td>C 相</td></tr>
<tr><td>初始输入电流</td><td></td><td></td><td></td></tr>
<tr><td>动作输入电流</td><td></td><td></td><td></td></tr>
<tr><td>动作采样电流</td><td></td><td></td><td></td></tr>
<tr><td>电流误差(%)</td><td></td><td></td><td></td></tr>
<tr><td>动作时间</td><td></td><td></td><td></td></tr>
<tr><td>时间误差(%)</td><td></td><td></td><td></td></tr>
</table>

<table>
<tr><th colspan="4">过流 I 段实验(只改变某两相电流)</th></tr>
<tr><td>相序</td><td>A 相</td><td>B 相</td><td>C 相</td></tr>
<tr><td>初始输入电流</td><td></td><td></td><td></td></tr>
<tr><td>动作输入电流</td><td></td><td></td><td></td></tr>
<tr><td>动作采样电流</td><td></td><td></td><td></td></tr>
<tr><td>电流误差(%)</td><td></td><td></td><td></td></tr>
<tr><td>动作时间</td><td></td><td></td><td></td></tr>
<tr><td>时间误差(%)</td><td></td><td></td><td></td></tr>
</table>

过流 I 段实验(可以任意选 I 段、II 段、III 段任意一段实验,可以选任意一相、两相、三相实验,模拟单相、两相、三相短路)

过流 II 段、III 段的实验方法与上述相同

	相序	A 相	B 相	C 相
实验 步骤	输入 1.5 倍 动作电流			
	动作采样电流			
	电流误差(%)			
	动作时间			
	时间误差(%)			
	5.结果分析 (1)通过实验总结三段式过流保护的动作条件是什么,其结果对应什么样的短路故障。 (2)输入电流的大小与动作电流误差、动作时间误差的关系是怎样的			

(二)任务发布

同学分组讨论,根据老师的示范案例,填写任务单,完成任务。

2 号工作任务单	
工作任务:复压过流(正序低电压+过流判据)关联动作值检测实验	
主要工作	1. 通过实验找出(正序低电压+过流判据)关联动作判据含义。 2. 验证正序低电压动作值误差
任务目的	掌握复压过流(正序低电压+过流判据)关联动作分析、计算、调试的综合技能
实验步骤	1. 保护接线
	2. 定值设定 将过流 I 段压板、过流 I 段复压元件投入,过流 I 段电流整定为 2 A,过流 I 段时间整定为 0.5 s;U_{1bs} 为正序低电压闭锁定值,整定为 5 V;U_{2bs} 为负序过电压闭锁定值,整定为 6 V
	3. 保护预判 实验一:分别在 A、B、C 相加入 3 A 电流,U_1 为正序线电压,初始值 8 V,减小 U_1,步长 1 V,预判保护是否动作。 预判分析: 实验二:分别在 A、B、C 相加入 3 A 电流,加入 $U_{AB}=4$ V,$U_{BC}=8$ V,$U_{CA}=$ 4.5 V,预判保护是否动作。 预判分析: 实验三:分别在 A、B、C 相加入 3 A 电流,加入 $U_{AB}=4$ V,$U_{BC}=8$ V,$U_{CA}=$ 5.5 V,预判保护是否动作。 预判分析: 实验四:分别在 A、B、C 相加入 3 A、1 A、1 A 电流,加入线电压均为 4 V,预判保护是否动作。 预判分析:

4.保护调试(利用实验验证预判、总结保护动作条件)

实验一:过流Ⅰ段复压实验			
实验一:分别在 A、B、C 相加入 3 A 电流,U_1 为正序线电压,初始值 8 V,减小 U_1,步长 1 V,预判保护是否动作:			
输入电流(大小、相位)			
输入电压(大小、相位)			
动作电流			
动作电压			
动作时间			
动作电压误差(%)			
动作时间误差(%)			
动作报文			

实验二:过流Ⅰ段复压实验			
实验二:分别在 A、B、C 相加入 3 A 电流,加入 $U_{AB}=4$ V,$U_{BC}=8$ V,$U_{CA}=4.5$ V,预判保护是否动作:			
输入电流(大小、相位)			
输入电压(大小、相位)			
是否动作			
动作报文			
分析动作条件			

实验三:过流Ⅰ段复压实验			
实验三:分别在 A、B、C 相加入 3 A 电流,加入 $U_{AB}=4$ V,$U_{BC}=8$ V,$U_{CA}=5.5$ V,预判保护是否动作:			
输入电流(大小、相位)			
输入电压(大小、相位)			
是否动作			
动作报文			
分析动作条件			

实验步骤

	实验四:过流Ⅰ段复压实验			
实验步骤	实验四:分别在 A、B、C 相加入 3 A、1 A、1 A 电流,加入线电压均为 4 V,预判保护是否动作:			
	输入电流(大小、相位)			
	输入电压(大小、相位)			
	是否动作			
	动作报文			
	分析动作条件			
	5.结果分析 根据四个实验分析复压过流(正序低电压+过流判据)关联动作条件			
教师评分				

3号工作任务单

工作任务:复压过流(负序过电压+过流判据)关联动作值检测实验	
主要工作	1.通过实验找出(负序过电压+过流判据)关联动作判据含义。 2.验证负序过电压动作值误差
任务目的	掌握复压过流(负序过电压+过流判据)关联动作分析、计算、调试的综合技能
实验步骤	1.保护接线
	2.定值设定 将过流Ⅰ段压板、过流Ⅰ段复压元件投入,过流Ⅰ段电流整定为 2 A,过流Ⅰ段时间整定为 0.5 s;U_{1bs} 为正序低电压闭锁定值,整定为 5 V;U_{2bs} 为负序过电压闭锁定值,整定为 6 V
	3.保护预判 分别在 A、B、C 相加入 3 A 电流,U_2 为负序相电压,初始值 1 V,增大 U_2,步长 1 V,预判保护是否动作。 预判分析:

实验步骤	4.保护调试(利用实验验证预判、总结保护动作条件)			
	过流Ⅰ段复压实验			
	输入电流(大小、相位)			
	输入电压(大小、相位)			
	动作电流			
	动作电压			
	动作时间			
	动作电压误差(%)			
	动作时间误差(%)			
	动作报文			
	5.结果分析 根据实验分析复压过流(负序过电压+过流判据)关联动作条件			
教师评分				

(三)任务拓展

根据引入案例中的数据,自行设计实验,填写 4 号工作任务单,解开案例之谜。

4号工作任务单	
工作任务:	
主要工作	
任务目的	
实验步骤	1.保护接线
	2.定值设定
	3.保护预判
	4.保护调试
	5.结果分析
注意事项	
教师评分	

六、课后思考

1. 根据实验结果,分析发电机励磁变三段式复压闭锁过流保护可以反映励磁变的哪些故障。

2. 识读图技能:分析三段式复压闭锁过流保护逻辑原理图,掌握逻辑原理图识读技能。

任务十五　发电机励磁变正序反时限过流保护调试

一、课前引导

1. 反时限过流保护的工作原理
2. 反时限过流保护的特性分类
3. 反时限过流与正时限过流的区别

二、职业能力

1. 正序反时限过流保护逻辑图识读能力
2. 正序反时限过流保护数据分析、保护预判能力
3. 正序反时限过流保护接线、调试能力

三、案例引入

×××电厂,发电机定子额定电流 160.4 A,发电机出口、中性点采用同样的电流互感器,变比为 200/5。电压互感器变比为 10 000/100,每台发电机出口配一台励磁变:正序反时限基准整定为 4 A,反时限时间常数 t_p 整定为 1,正序反时限指数整定为 0(标准模式)。2021 年 8 月 1 日 13 时 30 分 30 秒,正序反时限过流保护动作信息如下,请问保护是否误动作,为什么?

2021 年 8 月 1 日 13 时 30 分 30 秒	动作信息: 正序反时限过流保护动作	采样信息: I_A、I_B、I_C = 8 A、8 A、8 A

四、原理分析

(一)保护原理

反时限保护元件是动作时限与被保护设备中电流大小自然配合的保护元件,通过平移动作曲线,可以非常方便地实现全线的配合。常见的反时限特性分为三类,即标准反时限、非常反时限、极端反时限。

标准模式：

$$t = \frac{0.14t_{\mathrm{p}}}{\left(\dfrac{I}{I_{\mathrm{p}}}\right)^{0.02} - 1}$$

非常模式：

$$t = \frac{13.5t_{\mathrm{p}}}{\dfrac{I}{I_{\mathrm{p}}} - 1}$$

极端模式：

$$t = \frac{80t_{\mathrm{p}}}{\left(\dfrac{I}{I_{\mathrm{p}}}\right)^{2} - 1}$$

式中：t_{p} 为时间系数,范围是 $0.05 \sim 1.00$；I_{p} 为电流基准值；I 为故障电流正序分量；t 为跳闸时间。

(二)保护判据

正序反时限过流保护判据(本次实验选择标准反时限)：

$$I_1 > I_{\mathrm{fj}}$$

(三)保护逻辑

保护逻辑见图 15-1。

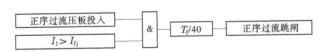

图 15-1　正序反时限过流保护逻辑示意图

图中：I_1 为最正序电流；I_{fj} 为反时限基准；T_{f} 为根据反时限特性计算的动作时间。

五、工作任务

(一)任务示范

1号工作任务单	
工作任务:正序反时限过流保护动作时间检测实验(标准模式)	
主要工作	通过不同的正序输入电流,计算不同的动作时间,用实验验证实际动作时间是否与预测一致,可选择任意特性完成实验

任务目的	掌握正序反时限过流保护动作分析、计算、调试的综合技能
实验步骤	1. 保护接线(利用原理图展示接线,复习原理图与接线图的联系) 2. 定值设定 将正序过流压板投入,正序反时限基准整定为 2 A,反时限时间常数 t_p 整定为 1。 正序反时限指数整定为 0(标准模式) 3. 保护预判 $t_p = 1$、$I_p = 2$ A。 (1)在 A、B、C 相加入 8 A 电流,计算得出理论动作时间约为 4.979 s,通过实验验证动作时间,误差应不超过 40 ms。 $$t = \frac{0.14 t_p}{\left(\dfrac{I}{I_p}\right)^{0.02} - 1} = \frac{0.14}{\left(\dfrac{8}{2}\right)^{0.02} - 1} = \frac{0.14}{1.028\,113\,826\,656\,1 - 1} = 4.979\,756$$ (2)在 A、B、C 相加入 10 A 电流,计算得出理论动作时间约为( )s,通过实验验证动作时间,误差应不超过 40 ms。 (3)在 A、B、C 相加入 20 A 电流,计算得出理论动作时间约为( )s,通过实验验证动作时间,误差应不超过 40 ms

<table>
<tr><td rowspan="32">实验
步骤</td><td colspan="4">4.保护调试</td></tr>
<tr><td colspan="4">正序反时限过流保护验证实验(标准模式)</td></tr>
<tr><td>相序</td><td>A 相</td><td>B 相</td><td>C 相</td></tr>
<tr><td>输入电流(A)</td><td>8</td><td>8</td><td>8</td></tr>
<tr><td>动作采样电流(A)</td><td></td><td></td><td></td></tr>
<tr><td>动作时间(s)</td><td></td><td></td><td></td></tr>
<tr><td>计算时间(s)</td><td></td><td></td><td></td></tr>
<tr><td>误差(%)</td><td></td><td></td><td></td></tr>
<tr><td>输入电流(A)</td><td>10</td><td>10</td><td>10</td></tr>
<tr><td>动作采样电流(A)</td><td></td><td></td><td></td></tr>
<tr><td>动作时间(s)</td><td></td><td></td><td></td></tr>
<tr><td>计算时间(s)</td><td></td><td></td><td></td></tr>
<tr><td>误差(%)</td><td></td><td></td><td></td></tr>
<tr><td>输入电流(A)</td><td>20</td><td>20</td><td>20</td></tr>
<tr><td>动作采样电流(A)</td><td></td><td></td><td></td></tr>
<tr><td>动作时间(s)</td><td></td><td></td><td></td></tr>
<tr><td>计算时间(s)</td><td></td><td></td><td></td></tr>
<tr><td>误差(%)</td><td></td><td></td><td></td></tr>
</table>

5.结果分析

(1)通过实验总结正序反时限过流保护的输入电流与动作时间的关系是怎样的。

(2)输入电流的大小与动作时间误差的关系是怎样的?

(二)任务发布

同学分组讨论,根据老师的示范案例,填写任务单,完成任务。

<table>
<tr><td colspan="2">2号工作任务单</td></tr>
<tr><td colspan="2">工作任务:正序反时限过流保护动作时间检测实验(非常模式)</td></tr>
<tr><td>主要工作</td><td>通过不同的正序输入电流,计算不同的动作时间,用实验验证实际动作时间是否与预测一致,可选择任意特性完成实验</td></tr>
</table>

任务目的	掌握正序反时限过流保护动作分析、计算、调试的综合技能		
实验步骤	1. 保护接线(利用原理图展示接线,复习原理图与接线图的联系)		
	2. 定值设定		
	3. 保护预判		
	4. 保护调试		
	正序反时限过流保护验证实验(非常模式)		
		A 相	B 相	C 相
	输入电流(A)	8	8	8
	动作采样电流(A)			
	动作时间(s)			
	计算时间(s)			
	误差(%)			
	输入电流(A)	10	10	10
	动作采样电流(A)			
	动作时间(s)			
	计算时间(s)			
	误差(%)			
	输入电流(A)	20	20	20
	动作采样电流(A)			
	动作时间(s)			
	计算时间(s)			
	误差(%)			
	5. 结果分析		
教师评分			

(三)任务拓展

根据引入案例中的数据,自行设计实验,填写 3 号工作任务单,解开案例之谜。

3 号工作任务单	
工作任务：	
主要工作	
任务目的	
实验步骤	1.保护接线
	2.定值设定
	3.保护预判
	4.保护调试
	5.结果分析
注意事项	
教师评分	

六、课后思考

根据实验结果,正序反时限过流保护动作时间与输入电流的关系是怎样的?

任务十六　发电机励磁变两段式负序过流保护调试

一、课前引导

1. 两段式负序过流保护的工作原理
2. 两段式负序过流保护的特点

二、职业能力

1. 两段式负序过流保护逻辑图识读能力
2. 两段式负序过流保护数据分析、保护预判能力
3. 两段式负序过流保护接线、调试能力

三、案例引入

×××电厂,发电机定子额定电流160.4 A,发电机出口、中性点采用同样的电流互感器,变比为200/5。电压互感器变比为10 000/100,每台发电机出口配一台励磁变:负序Ⅰ段/Ⅱ段压板投入,负序Ⅰ段电流整定为4 A,负序Ⅰ段时间整定为0.5 s;负序Ⅱ段电流整定为2 A,负序Ⅱ段时间整定为20 s;Ⅱ段投跳闸。2021年8月1日13时30分30秒,保护动作信息如下,请问保护是否误动作,为什么?

2021 年 8 月 1 日 13 时 30 分 30 秒	动作信息: 负序Ⅱ段保护延时动作	采样信息: 负序电流 3 A

四、原理分析

(一)保护原理

保护设置两段式负序定时限过流保护,各段电流和时间定值可独立整定,分别设置软压板控制每段保护的投退。其中Ⅰ段用于断相保护,动作于跳闸;

Ⅱ段用于不平衡保护,由逻辑定值选择报警或跳闸。

(二)保护判据

本次实验选择标准反时限,判据如下:

$$I_2 > I_{21}$$
$$I_2 > I_{22}$$

式中:I_2 为负序电流;I_{21}、I_{22} 为负序过流Ⅰ段、Ⅱ段电流定值。

(三)保护逻辑

保护逻辑见图 16-1、图 16-2。

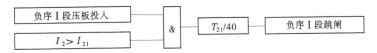

图 16-1　负序Ⅰ段保护逻辑示意图

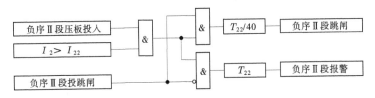

图 16-2　负序Ⅱ段保护逻辑示意图

图中,T_{21}、T_{22} 为负序过流Ⅰ段、Ⅱ段时间定值。

五、工作任务

(一)任务示范

1号工作任务单	
工作任务:两段式负序过流保护动作电流检测实验	
主要工作	通过增加的输入负序电流,找到刚好动作的最小动作电流,与整定电流对比,计算误差。 (两段单独实验)
任务目的	掌握两段式负序过流保护动作分析、计算、调试的综合技能

实验步骤	1. 保护接线(利用原理图展示接线,复习原理图与接线图的联系) 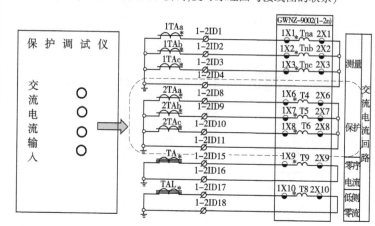 2. 定值设定 (1)实验一:只将负序Ⅰ段压板投入,负序Ⅰ段电流整定为 2 A,负序Ⅰ段时间整定为 0.5 s; (2)实验二:只将负序Ⅱ段压板投入,负序Ⅱ段电流整定为 1 A,负序Ⅱ段时间整定为 1 s 3. 保护预判 (1)实验一:加入 1 A 负序电流,步长设置为 0.1 A,逐步增加负序电流值,直至 $I_2 = 2$ A,保护动作。实验验证,误差应不超过±5%。 (2)实验二:加入 0.5 A 负序电流,步长设置为 0.1 A,逐步增加负序电流值,直至 $I_2 = 1$ A,保护动作。实验验证,误差应不超过±5%

4. 保护调试

相序	A 相	B 相	C 相
实验一:负序Ⅰ段保护验证实验			
输入负序电流(A)			
动作电流(A)			
整定电流(A)			
误差(%)			

	实验二:负序Ⅱ段保护验证实验(投告警)		
实验步骤	输入负序电流(A)		
	动作电流(A)		
	整定电流(A)		
	误差(%)		
	保护报文		
	实验三:负序Ⅱ段保护验证实验(投跳闸)		
	输入负序电流(A)		
	动作电流(A)		
	整定电流(A)		
	误差(%)		
	保护报文		
5.结果分析			

(二)任务发布

同学分组讨论,根据老师的示范案例,填写任务单,完成任务。

3号工作任务单	
工作任务:两段式负序过流保护动作时间检测实验	
主要工作	输入1.5倍的负序动作电流,计算误差。(两段单独实验)
任务目的	掌握两段式负序过流保护动作分析、计算、调试的综合技能
实验步骤	1.保护接线(利用原理图展示接线,复习原理图与接线图的联系)
	2.定值设定 负序Ⅰ段/Ⅱ段压板投入,负序Ⅰ段电流整定为2 A,负序Ⅰ段时间整定为0.5 s; 负序Ⅱ段电流整定为1 A,负序Ⅱ段时间整定为20 s,Ⅱ段投跳闸

实验步骤	3. 保护预判 实验一：加入 3 A 负序电流。 实验二：加入 1.5 A 负序电流。 实验三：加入 0.6 A 负序电流		
	4. 保护调试		
	相序	A 相	B 相	C 相
	实验一：加入 3 A 负序电流			
	输入负序电流(A)			
	保护报文			
	实验二：加入 1.5 A 负序电流			
	输入负序电流(A)			
	保护报文			
	实验三：加入 0.6 A 负序电流			
	输入负序电流(A)			
	保护报文			
	5. 结果分析		
教师评分			

(三)任务拓展

根据"引入案例"中的数据,自行设计实验,填写 3 号工作任务单,解开案例之谜。

4 号工作任务单	
工作任务:	
主要工作	
任务目的	

实验步骤	1.保护接线
	2.定值设定
	3.保护预判
	4.保护调试
	5.结果分析
注意事项	
教师评分	

六、课后思考

1.两段式负序过流保护是励磁变的主保护还是后备保护？主要针对哪种故障设置？

2.识读图技能：分析两段式负序过流保护的逻辑原理图，掌握逻辑原理图识读技能。

任务十七 发电机励磁变零序过压报警保护调试

一、课前引导

1. 零序过压保护的工作原理
2. 零序过压保护的特点

二、职业能力

1. 零序过压保护的逻辑图识读能力
2. 零序过压保护的数据分析、保护预判能力
3. 零序过压保护的接线、调试能力

三、案例引入

×××电厂,发电机定子额定电流 160.4 A,发电机出口、中性点采用同样的电流互感器,变比为 200/5。电压互感器变比为 10 000/100,每台发电机出口配一台励磁变。零序过压保护动作电压 5 V。2021 年 8 月 1 日 13 时 30 分 30 秒,保护动作信息如下,请问保护是否误动作,为什么?

2021 年 8 月 1 日 13 时 30 分 30 秒	动作信息: 零序过压保护延时动作	采样信息: 三相电压:U_A、U_B、$U_C = 10$ V、2 V、6 V

四、原理分析

(一)保护原理

发电机励磁变零序过压报警原理:自产零序电压 $3U_0$ 大于整定值,经整定延时报"零序过压报警"。零序过压报警受 TV 断线闭锁。

(二)保护判据

发电机励磁变零序过压报警判据:

$$3U_0 > U_{0g}$$

式中:$3U_0$ 为装置自产零序电压;U_{0g} 为零序过压定值。

(三)保护逻辑

保护逻辑见图17-1。

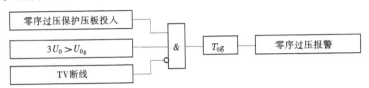

T_{0g}为零序过压时间

图 17-1　保护逻辑示意图

五、工作任务

(一)任务示范

1号工作任务单	
工作任务:零序过压保护动作值检测实验	
主要工作	通过增加的输入零序电压,找到刚好动作的最小动作电压,与整定电压对比,计算误差
任务目的	掌握零序过压保护动作分析、计算、调试的综合技能
实验步骤	1. 保护接线(利用原理图展示接线,复习原理图与接线图的联系) 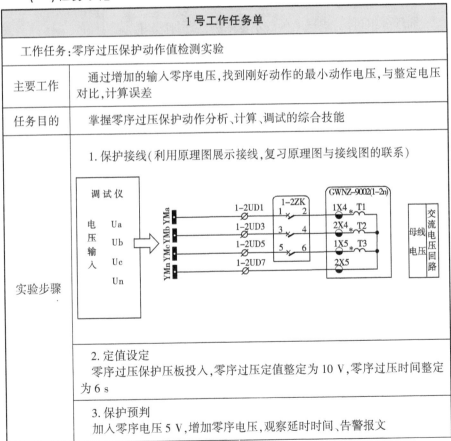 2. 定值设定 零序过压保护压板投入,零序过压定值整定为 10 V,零序过压时间整定为 6 s 3. 保护预判 加入零序电压 5 V,增加零序电压,观察延时时间、告警报文

实验步骤	4.保护调试			
	零序过压保护动作值检测实验			
	相序	A 相	B 相	C 相
	输入电压(V)			
	零序电压(V)			
	动作电压(V)			
	误差(%)			
	保护报文			
	5.结果分析			

(二)任务发布

同学分组讨论,根据老师的示范案例,填写任务单,完成任务。

2号工作任务单			
工作任务:零序过压保护动作时间检测实验			
主要工作	输入1.5倍动作零序电压,验证延时时间,计算误差		
任务目的			
实验步骤	1.保护接线		
	2.定值设定		
	3.保护预判		
	4.保护调试		
	零序过压保护动作时间检测实验		

实验步骤	相序	A 相	B 相	C 相
	输入电压(V)			
	零序电压(V)			
	动作时间(s)			
	误差(%)			
	保护报文			
	5.结果分析			
教师评分				

(三)任务拓展

根据"引入案例"中的数据,自行设计实验,填写 3 号工作任务单,解开案例之谜。

3 号工作任务单	
工作任务:	
主要工作	
任务目的	
实验步骤	1. 保护接线
	2. 定值设定
	3. 保护预判
	4. 保护调试
	5. 结果分析
注意事项	
教师评分	

六、课后思考

1. 零序过压保护是励磁变的主保护还是后备保护? 主要针对哪种故障设置?

2. 识读图技能:分析零序过压保护的逻辑原理图,掌握逻辑原理图识读技能。

任务十八　发电机励磁变低压侧（中性点）零序过流保护调试

一、课前引导

　　1. 励磁变低压侧（中性点）零序过流保护工作原理
　　2. 励磁变低压侧（中性点）零序过流保护的特点

二、职业能力

　　1. 励磁变低压侧（中性点）零序过流保护的逻辑图识读能力
　　2. 励磁变低压侧（中性点）零序过流保护的数据分析、保护预判能力
　　3. 励磁变低压侧（中性点）零序过流保护的接线、调试能力

三、案例引入

　　×××电厂，发电机定子额定电流 160.4 A，发电机出口、中性点采用同样的电流互感器，变比为 200/5。电压互感器变比为 10 000/100，每台发电机出口配一台励磁变。发电机励磁变装设零序过流保护，零序动作电流 1 A，时间 6 s。2021年 8 月 1 日 13 时 30 分 30 秒，保护动作信息如下，请问保护是否误动，为什么？

2021 年 8 月 1 日 13 时 30 分 30 秒	动作信息：零序过流保护延时动作	采样信息：零序电流 1.7 A

四、原理分析

（一）保护原理

　　检测变压器中性点 TA（或变压器低压侧零序滤过器）的零序电流，在变压器负载熔断器拒绝熔断时，作为其后备保护。低压侧零序过流保护可通过逻辑定值选择反时限特性，反时限特性曲线与正序反时限相同。

（二）保护判据

　　励磁变低压侧（中性点）零序过流保护判据：

$$I_{0L} > I_{0d}$$

$$I_{0L} > I_{0j}$$

式中:I_{0L} 为低压侧零序电流;I_{0d} 为低压侧零流电流定值;I_{0j} 为低压侧反时限基准。

(三) 保护逻辑

保护逻辑示意图见图 18-1。

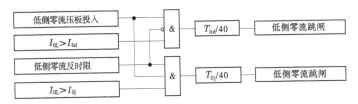

图 18-1　低压侧(中性点)零序过流保护逻辑示意图

图中:T_{0d} 为低压侧零流时间定值;T_{0j} 为根据反时限特性计算的动作时间。

五、工作任务

(一) 任务示范

1号工作任务单	
工作任务:低压侧零序过流保护动作值检测实验	
主要工作	通过增加的输入零序电流,找到刚好动作的最小动作电流,与整定电流对比,计算误差
任务目的	掌握零序过流保护动作分析、计算、调试的综合技能
实验步骤	1.保护接线(利用原理图展示接线,复习原理图与接线图的联系) 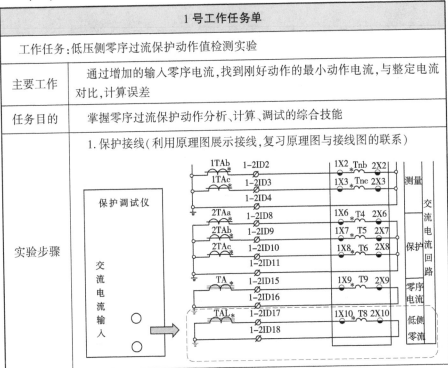

实验步骤	2. 定值设定 　低侧零流压板投入,低侧零流电流定值整定为 2 A,低侧零流时间定定为 0.5 s
	3. 保护预判 　在加入 1 A 零序电流,步长设置为 0.1 A,逐步增加电流值直至保护动作,记录动作值,误差应不超过±5% ,观察告警报文

4. 保护调试

输入零序电流初始值	
零序电流动作值	
零序电流整定值	
误差	
保护报文	

5. 结果分析

(二)任务发布

同学分组讨论,根据老师的示范案例,填写任务单,完成任务。

2号工作任务单

工作任务:低压侧零序过流保护动作时间检测实验	
主要工作	输入 1.5 倍整定值零序电流,观察动作时间,计算误差
任务目的	掌握零序过流保护动作分析、计算、调试的综合技能
实验步骤	1. 保护接线
	2. 定值设定
	3. 保护预判
	4. 保护调试

输入零序电流值	
零序电流动作时间	
零序电流整定时间	
误差	
保护报文	

5. 结果分析

教师评分	

(三)任务拓展

根据引入案例中的数据,自行设计实验,填写 3 号工作任务单,解开案例之谜。

3 号工作任务单	
工作任务:	
主要工作	
任务目的	
实验步骤	1. 保护接线
	2. 定值设定
	3. 保护预判
	4. 保护调试
	5. 结果分析
注意事项	
教师评分	

六、课后思考

1. 变压器低压侧零序过流保护是励磁变的主保护还是后备保护?主要针对哪种故障设置?

2. 识读图技能:分析变压器低压侧零序过流保护的逻辑原理图,掌握逻辑原理图识读技能。

任务十九　发电机励磁变过负荷保护调试

一、课前引导

1. 励磁变过负荷保护工作原理
2. 励磁变过负荷保护的特点

二、职业能力

1. 励磁变过负荷保护的逻辑图识读能力
2. 励磁变过负荷保护的数据分析、保护预判能力
3. 励磁变过负荷保护的接线、调试能力

三、案例引入

×××电厂,发电机定子额定电流 160.4 A,发电机出口、中性点采用同样的电流互感器,变比为 200/5。电压互感器变比为 10 000/100,每台发电机出口配一台励磁变。发电机励磁变设置过负荷保护,动作电流 3 A,时间 10 s。2021 年 8 月 1 日 13 时 30 分 30 秒,保护动作信息如下,请问保护是否误动作,为什么?

2021 年 8 月 1 日 13 时 30 分 30 秒	告警信息:过负荷延时告警	采样信息:A、B、C 相电流:3.2 A、2.8 A、2.9 A

四、原理分析

（一）保护原理

过负荷保护监视三相电流的最大值。保护功能由软压板控制投退。任一相电流大于过负荷定值, 延时时间到,过负荷保护动作于报警。

（二）保护判据

励磁变过负荷保护判据:

$$I_{max} > I_{gfh}$$

式中:I_{max} 为最大相电流;I_{gfh} 为过负荷电流定值。

(三) 保护逻辑

保护逻辑见图 19-1。

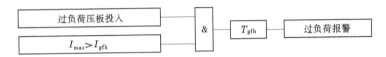

T_{gfh} 为过负荷时间定值

图 19-1　过负荷保护逻辑示意图

五、工作任务

(一) 任务示范

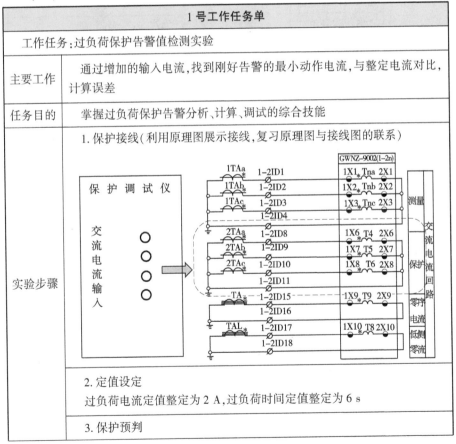

1号工作任务单	
工作任务:过负荷保护告警值检测实验	
主要工作	通过增加的输入电流,找到刚好告警的最小动作电流,与整定电流对比,计算误差
任务目的	掌握过负荷保护告警分析、计算、调试的综合技能
实验步骤	1. 保护接线(利用原理图展示接线,复习原理图与接线图的联系)
	2. 定值设定 过负荷电流定值整定为 2 A,过负荷时间定值整定为 6 s
	3. 保护预判

实验步骤	4.保护调试			
	三相电流同时改变			
	相序	A 相	B 相	C 相
	输入电流初始值			
	电流告警值			
	电流整定值			
	误差			
	保护报文			
	只改变一相电流			
	相序	A 相	B 相	C 相
	输入电流初始值			
	电流告警值			
	电流整定值			
	误差			
	保护报文			
	5.结果分析			

（二）任务发布

同学分组讨论,根据老师的示范案例,填写任务单,完成任务。

2号工作任务单	
工作任务:过负荷保护告警延时时间值检测实验	
主要工作	输入1.5倍警电流,观察告警延时时间,与整定时间对比,计算误差
任务目的	掌握过负荷保护告警分析、计算、调试的综合技能
实验步骤	1.保护接线(利用原理图展示接线,复习原理图与接线图的联系)
	2.定值设定 过负荷电流定值整定为 2 A,过负荷时间定值整定为 10 s
	3.保护预判
	4.保护调试
	5.结果分析
教师评分	

(三)任务拓展

根据引入案例中的数据,自行设计实验,填写 3 号工作任务单,解开案例之谜。

3 号工作任务单	
工作任务:	
主要工作	
任务目的	
实验步骤	1.保护接线
	2.定值设定
	3.保护预判
	4.保护调试
	5.结果分析
注意事项	
教师评分	

六、课后思考

1.变压器过负荷保护是励磁变的主保护还是后备保护? 主要针对哪种故障设置?

2.识读图技能:分析变压器过负荷保护的逻辑原理图,掌握逻辑原理图识读技能。

任务二十　发电机励磁变三段式零序过流保护调试

一、课前引导

1. 三段式零序过流保护工作原理
2. 三段式零序过流保护的特点

二、职业能力

1. 三段式零序过流保护的逻辑图识读能力
2. 三段式零序过流保护的数据分析、保护预判能力
3. 三段式零序过流保护的接线、调试能力

三、案例引入

　　×××电厂,发电机定子额定电流 160.4 A,发电机出口、中性点采用同样的电流互感器,变比为 200/5。电压互感器变比为 10 000/100,每台发电机出口配一台励磁变。发电机励磁变设置三段式零序过流保护。零序 Ⅰ 段:3 A,0.5 s,零序 Ⅱ 段:2 A,6 s,零序 Ⅲ 段:1 A,10 s。2021 年 8 月 1 日 13 时 30 分 30 秒,保护动作信息如下,请问保护是否误动作,为什么?

2021 年 8 月 1 日 13 时 30 分 30 秒	告警信息: 零序 Ⅱ 段延时动作	采样信息: 零序电流:2.8 A

四、原理分析

(一)原理解析

　　在大电流(小电阻)接地系统中,接地零序电流相对较大,故采用直接跳闸方法。本装置设置三段式零序过流保护,各段电流及时间定值可独立整定,分别设置软压板控制每段保护的投退。在小电流接地系统(不接地或经消弧线圈接地)中,发生单相接地故障时,其接地故障点零序电流基本为电容电

流,故一般情况下零序电流应由专用零序电流互感器取得。

(二) 保护判据

励磁变三段式零序过流保护判据:

$$3I_0 > I_{01}$$
$$3I_0 > I_{02}$$
$$3I_0 > I_{03}$$

式中:$3I_0$ 为零序电流;I_{01} 为零序Ⅰ段电流定值;I_{02} 为零序Ⅱ段电流定值;I_{03} 为零序Ⅲ段电流定值。

(三) 保护逻辑

保护逻辑见图 20-1、图 20-2。

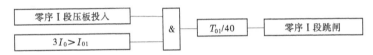

图 20-1　零序Ⅰ段过流保护逻辑示意图

Ⅱ段同上。

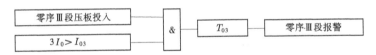

图 20-2　零序Ⅲ段过流保护逻辑示意图

图中:T_{01} 为零序Ⅰ段延时定值;T_{03} 为零序Ⅲ段延时定值。

五、工作任务

(一) 任务示范

1号工作任务单	
工作任务:零序各段分段动作值检测实验	
主要工作	通过增加的输入零序电流,找到刚好动作的最小动作零序电流,与整定零序电流对比,计算误差
任务目的	掌握三段式零序过流保护告警分析、计算、调试的综合技能

实验步骤	1.保护接线(利用原理图展示接线,复习原理图与接线图的联系)
	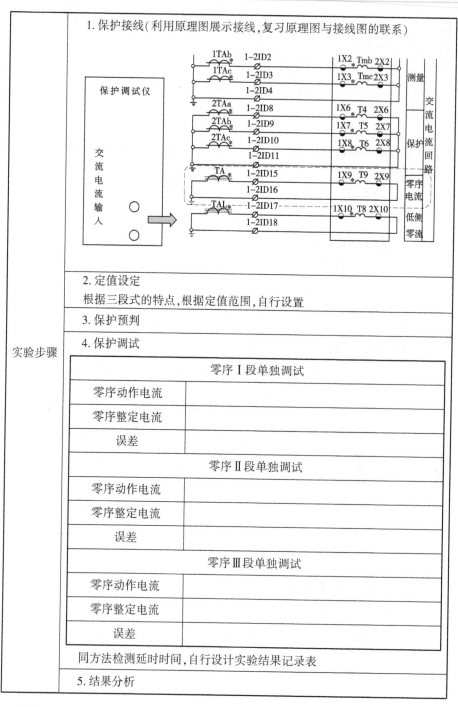
	2.定值设定 根据三段式的特点,根据定值范围,自行设置
	3.保护预判
	4.保护调试

零序 I 段单独调试	
零序动作电流	
零序整定电流	
误差	

零序 II 段单独调试	
零序动作电流	
零序整定电流	
误差	

零序 III 段单独调试	
零序动作电流	
零序整定电流	
误差	

同方法检测延时时间,自行设计实验结果记录表

5.结果分析

(二)任务发布

同学分组讨论,根据老师的示范案例,填写任务单,完成任务。

2 号工作任务单	
工作任务:三段式零序过流保护关联检测实验	
主要工作	检验三段式零序关联工作
任务目的	掌握三段式零序过流保护分析、计算、调试的综合技能
实验步骤	1. 保护接线(利用原理图展示接线,复习原理图与接线图的联系)
	2. 定值设定
	3. 保护预判
	4. 保护调试
	5. 结果分析
教师评分	

(三)任务拓展

根据引入案例中的数据,自行设计实验,填写 3 号工作任务单,解开案例之谜。

3 号工作任务单	
工作任务:	
主要工作	
任务目的	
实验步骤	1. 保护接线
	2. 定值设定
	3. 保护预判
	4. 保护调试
	5. 结果分析
注意事项	
教师评分	

六、课后思考

1. 变压器三段式零序过流保护是励磁变的主保护还是后备保护？主要针对哪种故障设置？

2. 识读图技能：分析变压器三段式零序过流保护的逻辑原理图，掌握逻辑原理图识读技能。

附　图

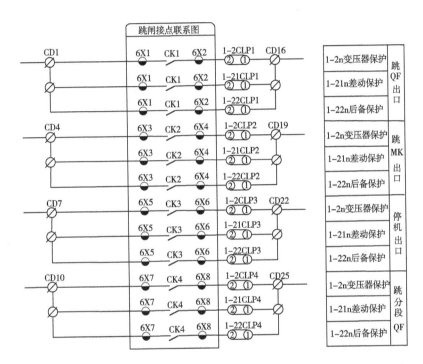

1.励磁变和发电机出线共用一个断路器,则变压器保护跳闸出口和发电机保护(差动、后备)出口短接,图中所示即是这种出口端子短接情况。

2.励磁变和发电机出线不共用一个断路器,则变压器保护跳闸出口和发电机保护(差动、后备)出口不短接。把图中所示出口端子短接片从变压器保护和差动保护之间断开

附图1　跳闸接点连接图

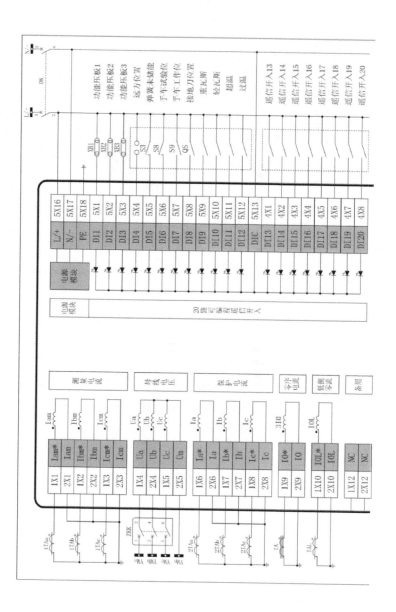

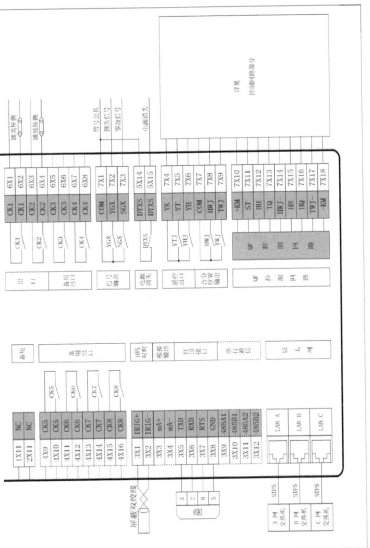

附图 2　GWNZ-9002 变压器保护测控装置典型原理接线图

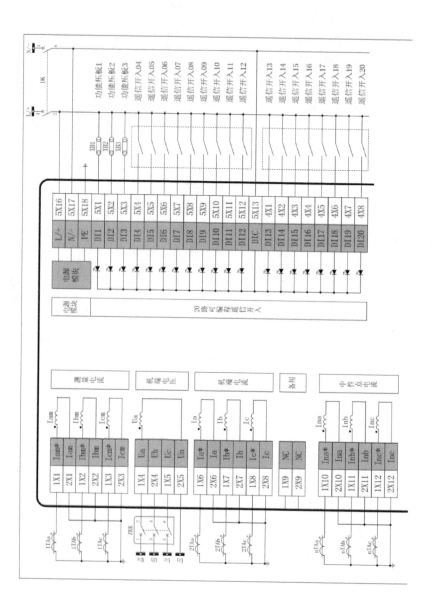

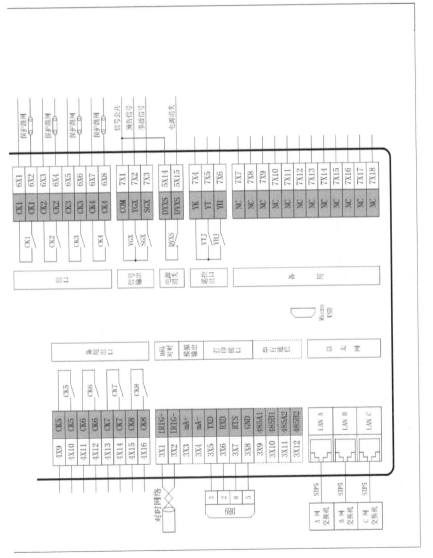

附图3　GWNZ-9022发电机主保护装置典型原理原理接线图

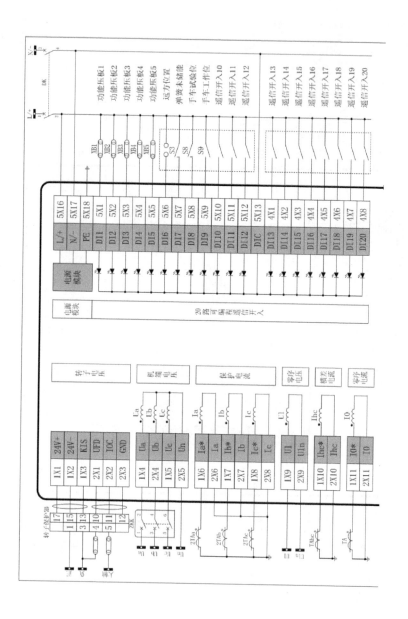

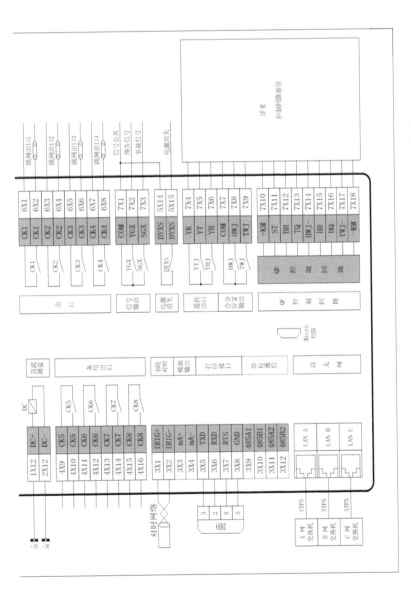

附图 4　GWNZ-9023 发电机后备保护测控装置典型原理接线图

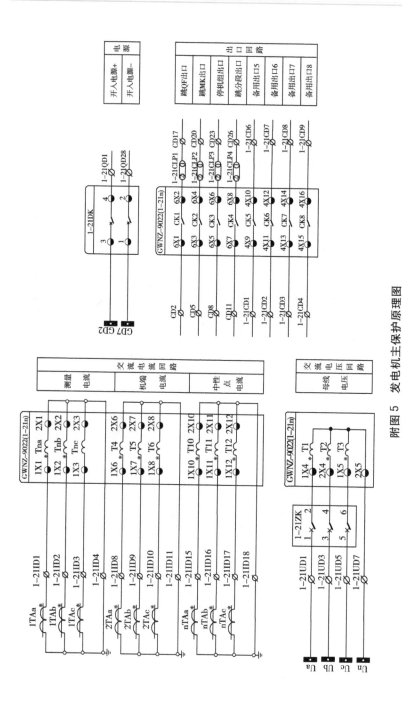

附图 5 发电机主保护原理图

发电机主保护接线图

1-21XD			中央信号
	1	1-21n7x1	信号公共端
1-2XD2 / 1-22XD2	2	1-21n5x14	预告总信号
	3	1-21n7x2	事故总信号
	4	1-21n7x3	电源消失
	5	1-21n5x15	

1-21CD			出口回路
1	1-21n4x9	备用出口5
2	1-21n4x11	备用出口6
3	1-21n4x13	备用出口7
4	1-21n4x15	备用出口8
5		备用出口5
6	1-21n4x10	备用出口6
7	1-21n4x12	备用出口7
8	1-21n4x14	备用出口8
9	1-21n4x16	
10		

1-21ID		交流电源
1	1-21n1x1	Iam*
2	1-21n1x2	Ibm*
3	1-21n1x3	Icm*
4	1-21n2x1	Iam
5	1-21n2x2	Ibm
6	1-21n2x3	Icm
7		
8	1-21n1x6	Ia*
9	1-21n1x7	Ib*
10	1-21n1x8	Ic*
11	1-21n2x6	Ia
12	1-21n2x7	Ib
13	1-21n2x8	Ic
14		
15	1-21n1x10	Ina*
16	1-21n1x11	Inb*
17	1-21n1x12	Inc*
18	1-21n2x10	Ina
19	1-21n2x11	Inb
20	1-21n2x12	Inc
21		

1-21UD		交流电压
1	1-21ZK:1	Ua
2	1-21ZK:3	Ub
3	1-21ZK:5	Uc
4	1-2UD4	
5	1-21ZK:5	
6	1-2UD6	Un
7	1-2n2x5	
8	1-2UD8	

(左侧标注: 1-22UD2, 1-22UD4, 1-22UD6, 1-22UD8)

JD		交流电源
1	1JK:3	AC-L
2	2JK:3	
3		
4		
5		
6	1JK:1	AC-N
7	2JK:1	
8		
9		
10		

1-21QD		开入回路
1	1-21n5x16	+KM
2		
3		
4		
5		
6		
7		
8		
9		
10		
11	1-21n5x4	温度开关入4
12	1-21n5x5	温度开关入5
13	1-21n5x6	温度开关入6
14	1-21n5x7	温度开关入7
15	1-21n5x8	温度开关入8
16	1-21n5x9	温度开关入9
17	1-21n5x10	温度开关入10
18	1-21n5x11	温度开关入11
19	1-21n5x12	温度开关入12
20	1-21n4x1	温度开关入13
21	1-21n4x2	温度开关入14
22	1-21n4x3	温度开关入15
23	1-21n4x4	温度开关入16
24	1-21n4x5	温度开关入17
25	1-21n4x6	温度开关入18
26	1-21n4x7	温度开关入19
27	1-21n4x8	温度开关入20
28	1-21n5x17	-KM
29	1-21n5x13	
30		

(左侧标注: 1-21DK:4, 1-21KLP1:1, 1-21DK:2)

附图 6 发电机主保护接线图

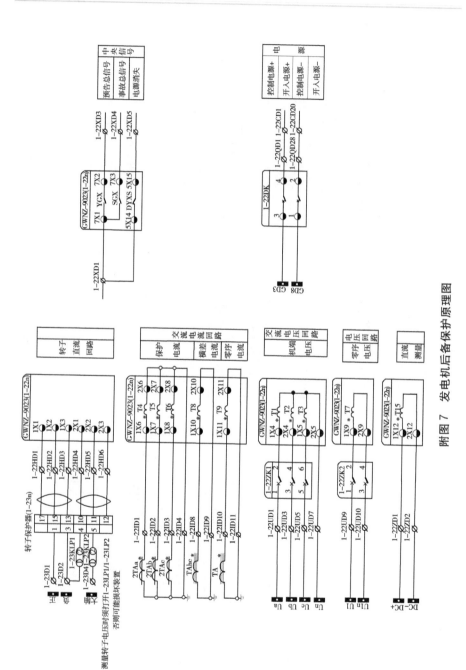

附图7 发电机后备保护原理图

1-22QD			开入回路
1-22DK:4	1	1-22n5x16	+KM
1-22KK:11	2		
1-22KLP1:1	3		
1-22CD1	4		
	5		
	6		
	7		
	8		
	9		
	10		
1-22KK:12	11	1-22n5x4	远方位置
	12	1-22n5x5	弹簧未储能
	13	1-22n5x6	手车试验位
	14	1-22n5x7	手车工作位
	15	1-22n5x8	遥信开入8
	16	1-22n5x9	遥信开入9
	17	1-22n5x10	遥信开入10
	18	1-22n5x11	遥信开入11
	19	1-22n5x12	遥信开入12
	20	1-22n4x1	遥信开入13
	21	1-22n4x2	遥信开入14
	22	1-22n4x3	遥信开入15
	23	1-22n4x4	遥信开入16
	24	1-22n4x5	遥信开入17
	25	1-22n4x6	遥信开入18
	26	1-22n4x7	遥信开入19
	27	1-22n4x8	遥信开入20
1-22DK:2	28	1-22n5x17	-KM
1-22CD20	29	1-22n5x13	
	30		

1-22ID			交流电流
	1	1-22n1x6	Ia*
	2	1-22n1x7	Ib*
	3	1-22n1x8	Ic*
	4	1-22n2x6	Ia
	5	1-22n2x7	Ib
	6	1-22n2x8	Ic
	7		
	8	1-22n1x10	Ihc*
	9	1-22n2x10	Ihc
	10	1-22n1x11	I0*
	11	1-22n2x11	I0
1-22UD			**交流电压**
	1	1-22ZK1:1	Ua
	2	1-21UD2	
	3	1-22ZK1:3	Ub
	4	1-21UD4	
	5	1-22ZK1:5	Uc
	6	1-21UD6	
	7	1-22n2x5	Un
	8	1-21UD8	
	9	1-22ZK2:1	U1
	10	1-22ZK2:3	U1n
1-22ZD			**直流测量**
	1	1-22n1x12	DC+ #
	2	1-22n2x12	DC- #
1-22XD			**中央信号**
	1	1-22n7x1	信号公共端
1-21XD2	2	1-22n5x14	
	3	1-22n7x2	预告总信号
	4	1-22n7x3	事故总信号
	5	1-22n5x15	电源消失

1-22CD			出口回路
1-22QD4	1	1-22n7x10	+KM
	2	CD1	
	3		
1-22KK:9	4		
1-22KK:1	5		
1-22KK:10	6	1-22n7x4	遥控公共端
1-22KK:2	7	1-22n7x6	合闸入口
	8		
	9	1-22n7x15	
	10	1-22n7x16	至合闸线圈
	11	1-22n7x17	跳位监视
1-22KK:4	12	1-22n7x11	手跳入口
	13	1-22n7x5	
CD16	14	1-22n7x12	保护跳入口
	15		
	16	1-22n7x13	至跳闸线圈
	17	1-22n7x14	合位监视
1-22KK:R	18	1-22n7x8	启动红灯
1-22KK:G	19	1-22n7x9	启动绿灯
1-22QD29	20	1-22n7x7	-KM
	21	1-22n7x18	
	22		
	23		
	24	1-22n4x9	备用出口5
	25	1-22n4x11	备用出口6
	26	1-22n4x13	备用出口7
	27	1-22n4x15	备用出口8
	28		
	29	1-22n4x10	备用出口5
	30	1-22n4x12	备用出口6
	31	1-22n4x14	备用出口7
	32	1-22n4x16	备用出口8
	33		
1-22HD			**转子电压**
1-23n:17	1	1-22n1x1	24+
1-23n:15	2	1-22n1x2	24-
1-23n:13	3	1-22n1x3	KIS
1-23n:10	4	1-22n2x1	UFD
1-23n:11	5	1-22n2x2	I0
1-23n:12	6	1-22n2x3	GND
1-23D			**转子直流回路**
	1	1-23n:1	正
	2	1-23n:3	负
	3	1-23KLP1:1	
	4	1-23KLP2:1	大轴

图中标“#”号的为通信回路，要求使用双绞线

附图 8　发电机后备保护接线图

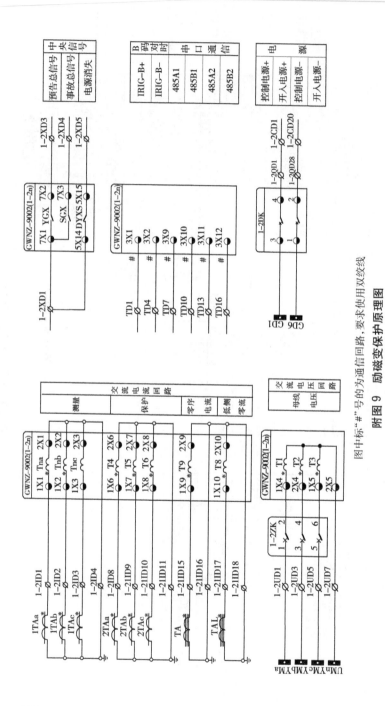

图中标"#"号的为通信回路，要求使用双绞线

附图 9　励磁变保护原理图

交流电流

交流电流		1-2ID
Iam*	1-2n1x1	1
Ibm*	1-2n1x2	2
Icm*	1-2n1x3	3
Iam	1-2n2x1	○4
Ibm	1-2n2x2	○5
Icm	1-2n2x3	○6
		○7
Ia*	1-2n1x6	8
Ib*	1-2n1x7	9
Ic*	1-2n1x8	10
Ia	1-2n2x6	○11
Ib	1-2n2x7	○12
Ic	1-2n2x8	○13
		○14
I0*	1-2n1x9	15
I0	1-2n2x9	16
I0L*	1-2n1x10	17
I0L	1-2n2x10	18

交流电压

交流电压		1-2UD
Ua	1-2ZK:1	○1
	1-21UD2	○2
Ub	1-2ZK:3	○3
	1-21UD4	○4
Uc	1-2ZK:5	○5
	1-21UD6	○6
Un	1-2n2x5	○7
	1-21UD8	○8

中央信号

中央信号		1-2XD	
信号公共端	1-2n7x1	○1	1-21XD1
预告总信号	1-2n5x14	○2	
事故总信号	1-2n7x2	3	
电源消失	1-2n7x3	4	
	1-2n5x15	5	

出口回路

出口回路		1-2CD	
+KM	1-2n7x10	○1	1-2QD4
	CD4	○2	
		3	1-2KK:9
		○4	1-2KK:1
遥控公共端	1-2n7x4	5	1-2KK:10
合闸入口	1-2n7x6	6	1-2KK:2
		○7	
		8	
		○9	
至合闸线圈	1-2n7x15	10	
跳位监视	1-2n7x16	11	
手跳入口	1-2n7x17	○12	1-2KK:4
	1-2n7x11	13	
保护跳入口	1-2n7x5	○14	CD19
	1-2n7x12	○15	
至跳闸线圈	1-2n7x13	○16	
合位监视	1-2n7x14	17	
启动红灯	1-2n7x8	18	1-2KK:R
启动绿灯	1-2n7x9	19	1-2KK:G
-KM	1-2n7x7	○20	1-2QD29
	1-2n7x18	21	
		○22	
		23	
备用出口5	1-2n4x9	24	
备用出口6	1-2n4x11	25	
备用出口7	1-2n4x13	26	
备用出口8	1-2n4x15	27	
		28	
备用出口5	1-2n4x10	29	
备用出口16	1-2n4x12	30	
备用出口7	1-2n4x14	31	
备用出口8	1-2n4x16	32	
		33	

附图 10　励磁变保护接线图

开入回路		1-2QD	
+KM	1-2n5x16	1	1-2DK:4
		2	1-2KK:11
		3	1-2KLP1:1
		4	1-2CD1
		5	
		6	
		7	
		8	
		9	
远方位置	1-2n5x4	10	
弹簧未储能	1-2n5x5	11	1-2KK:12
手车试验位置	1-2n5x6	12	
手车工作位置	1-2n5x7	13	
接地刀位置	1-2n5x8	14	
重瓦斯	1-2n5x9	15	
轻瓦斯	1-2n5x10	16	
超温	1-2n5x11	17	
过温	1-2n5x12	18	
遥信开入13	1-2n4x1	19	
遥信开入14	1-2n4x2	20	
遥信开入15	1-2n4x3	21	
遥信开入16	1-2n4x4	22	
遥信开入17	1-2n4x5	23	
遥信开入18	1-2n4x6	24	
遥信开入19	1-2n4x7	25	
遥信开入20	1-2n4x8	26	
		27	
-KM	1-2n5x17	28	1-2DK:2
	1-2n5x13	29	1-2CD20
		30	

出口回路		CD	
跳QF出口+	1-2n6x1	1	1-22CD2
	1-21n6x1	2	
	1-22n6x1	3	
跳MK出口+	1-2n6x3	4	1-2CD2
	1-21n6x3	5	
	1-22n6x3	6	
停机组出口+	1-2n6x5	7	
	1-21n6x5	8	
	1-22n6x5	9	
跳分段出口+	1-2n6x7	10	
	1-21n6x7	11	
	1-22n6x7	12	
		13	
		14	
		15	
跳QF出口-	1-2CLP1:1	16	1-22CD14
	1-21CLP1:1	17	
	1-22CLP1:1	18	
跳MK出口-	1-2CLP2:1	19	1-2CD14
	1-21CLP2:1	20	
	1-22CLP2:1	21	
停机组出口-	1-2CLP3:1	22	
	1-21CLP3:1	23	
	1-22CLP3:1	24	
跳分段出口-	1-2CLP4:1	25	
	1-21CLP4:1	26	
	1-22CLP4:1	27	
		28	
		29	
		30	

附图 11　跳闸出口接线图

参 考 文 献

[1] 刘学军.继电保护原理[M].北京:中国电力出版社,2012.

[2] 黄少锋,电力系统继电保护[M].北京:中国电力出版社,2015.

[3] 祝敏,许郁煌.电气二次部分[M].北京:中国水利水电出版社,2004.

[4] 张晓春,李家坤.电力系统继电保护[M].武汉:华中科技大学出版社,2009.

[5] 常国兰,支崇珏.继电保护装置运行与调试[M].成都:西南交通大学出版社,2017.

[6] 张保会,尹项根.电力系统继电保护[M].北京:中国电力出版社,2006.

[7] 许建安,路文梅.电力系统继电保护技术[M].北京:机械工业出版社,2017.

[8] 许建安.电力系统微机继电保护[M].北京:中国水利水电出版社,2001.

[9] 张励.发电厂继电保护装置[M].郑州:黄河水利出版社,2019.

[10] 陈延枫.电力系统继电保护技术[M].2 版.北京:中国电力出版社,2019.